W0309289

Steven F. Swaim · Walter C. Renberg · Kathy M. Shike

Verbandsmanagement in der Kleintierpraxis – Verbände, Gipse und Schienen

Steven F. Swaim · Walter C. Renberg · Kathy M. Shike

Verbandsmanagement in der Kleintierpraxis – Verbände, Gipse und Schienen

Ins Deutsche übertragen von Dr. med. vet. Malte Kienitz

schlütersche

Bibliografische Information der Deutschen Nationalbibliothek
Die Deutsche Nationalbibliothek verzeichnet diese Publikation in der Deutschen Nationalbibliografie; detaillierte bibliografische Daten sind im Internet über http://dnb.ddb.de abrufbar.

ISBN 978-3-89993-668-1 (Print)
ISBN 978-3-8426-8423-2 (PDF)

Titel der Originalausgabe: Steven F. Swaim, Walter C. Renberg, Kathy M. Shike. Small animal bandaging, casting, and splinting techniques/ © 2011 Steven F. Swaim, Walter C. Renberg, and Kathy M. Shike. Published 2011 by Wiley-Blackwell and V.W.M.S.

Programmleitung: Dr. Ulrike Oslage
Übersetzung: Qrrekt, Dr. Malte Kienitz, Quedlinburg
Satz: PER Medien+Marketing GmbH, Braunschweig
Druck und Bindung: Werbedruck Aug. Lönneker GmbH & Co. KG, Stadtoldendorf

Die Autoren

Steven F. Swaim, DVM, MS
Professor Emeritus
Scott-Ritchey Research Center und
Department of Clinical Sciences,
College of Veterinary Medicine, Auburn University, Alabama

Walter C. Renberg, DVM, MS, Dip. ACVS
Associate Professor
Department of Clinical Sciences,
College of Veterinary Medicine,
Kansas State University, Manhattan, Kansas

Kathy M. Shike, RVT
Veterinary Technician
Department of Clinical Sciences,
College of Veterinary Medicine,
Kansas State University, Manhattan, Kansas

Danksagung

Wir danken Dave Adams und Chris Baker für ihre fotografischen Beiträge zu diesem Buch. Mrs. Barbara Webster danken wir für die Textverarbeitung und Brook Grieger für die Zeichnungen in diesem Buch.

Inhalt

Vorwort

Das Anlegen von Verbänden ist in den meisten Tierarztpraxen Routine. Herausfordernd sind dabei die Unterschiede unserer tierischen Patienten in Größe, Form und Aktivität, die Art und Lokalisation einer Verletzung und schließlich die Toleranz – oder fehlende Toleranz – im Umgang mit dem Verband. Erfolgreiches Verbinden ist gleichzeitig eine Kunst und eine Wissenschaft. *Die Kunst:* Außerhalb vorgegebener Muster zu denken, um an den unmöglichsten Stellen Wunden zu schützen. *Die Wissenschaft:* Die richtigen Komponenten für einen Verband auszuwählen, die die physikalischen Gesetze nutzen und der Wundbiologie entsprechen. Dieses Buch vereint beide Aspekte.

Wie in Kapitel 1 betont, ist ein profundes klinisches Urteil wichtig für die Applikation und Modifikation von Verbänden. Die Autoren dieses Buches haben reiche Erfahrung im Wundmanagement und sind maßgeblich an der Forschung auf diesem Gebiet beteiligt. Der Name Dr. Steven F. Swaim ist geradezu ein Synonym für Wundmanagement in der Tiermedizin, weltweit profitieren Tiere von seiner umfassenden Kenntnis dieses Gebietes und seiner Leidenschaft, mit der er Tiermediziner unterrichtet. Dr. Walter C. Renberg ist tierärztlicher Chirurg und Lehrer mit weitreichenden klinischen und wissenschaftlichen Erfahrungen, der Spezialwissen zu orthopädischen Verletzungen und der Biomechanik in die Verbandskunde einbringt. Ms. Kathy M. Shike hat weitreichende praktische Verbandserfahrung als *small animal surgery technician*, sie unterrichtet Studenten der Veterinärmedizin und war an vielen Forschungsprojekten auf diesem Gebiet beteiligt. Diese Erfahrungen der Autoren sind hier so zusammengefasst, dass der Leser sie zur Grundlage seiner Entscheidungen für das eigene Verbandsmanagement machen kann.

Illustrierte Schritt-für-Schritt-Instruktionen für eine Reihe von Verbandstechniken sind einzigartiger Bestandteil dieses Buches und stellen eine sehr praxisorientierte visuelle Anleitung dar. Die spezifische Anleitung zur Verbandsapplikation wird durch klar strukturierte Informationen zu Indikationen, Nachsorge, sicherer Verbandsentfernung oder -modifikation sowie zu potenziellen Komplikationen für jeden Verbandstyp ergänzt, außerdem durch viele hilfreiche Tipps aus der persönlichen Erfahrung der Autoren. Im gesamten Buch wird Wert auf das Wohlbefinden des Patienten gelegt und auf die Auswahl des jeweils am besten geeigneten Verbandes.

Als aktueller Präsident der *Veterinary Wound Management Society* erkläre ich, dass die VWMS dieses Buch überaus begrüßt. Die Autoren haben hervorragend die Kunst und die Wissenschaft der Verbandskunde in einem klinisch relevanten Text vereint. Dieses Buch wird für Praktiker und Lernende der Tiermedizin eine häufig genutzte Quelle sein.

Bonnie Grambow Campbell
DVM, PhD, Diplomate ACVS
Clinical Assistant Professor of Small Animal Surgery,
Washington State University

Einleitung

Tierärzten werden häufig Patienten mit Wunden unterschiedlichsten Schweregrades vorgestellt, ebenso verhält es sich bei orthopädischen Verletzungen. Ein wesentlicher Teil der Therapie dieser Zustände besteht im Verbinden, Schienen und Stabilisieren. Die verwendeten Techniken müssen adäquat ausgeführt sein, sicher sitzen und dürfen das Tier nicht belästigen, wenn sie effektiv sein sollen. Zweck dieses Buches ist es, solche Techniken in Text und Bild vorzustellen. Indikationen, Nachsorge, Vorteile und Komplikationen werden durchgehend geschildert.

1 Grundlagen von Verbänden, Gipsen und Schienen

1.1 Verbände

1.1.1 Zweck und Funktion von Verbänden

Verbände haben im Rahmen des Wundmanagements eine Vielzahl von Funktionen (Tab. 1.1). Generell sorgen sie für ein Milieu, das die Wundheilung fördert.

1.1.2 Bestandteile eines Verbandes

Ein Verband besteht aus drei Lagen oder Schichten, der primären, sekundären und tertiären Schicht (Abb. 1.1).

Primärschicht

Die primäre Schicht eines Verbandes wird auch Kontaktschicht genannt, da sie in direktem Kontakt mit der Wunde steht. Abhängig vom Stadium der Wundheilung kann diese Schicht genutzt werden, um das Gewebe zu reinigen (Débridement), Exsudate aufzunehmen, Wirkstoffe abzugeben und die Wunde dicht abzudecken. Die Primärschicht ist aber nicht nur eine Wundabdeckung, sondern spielt eine wichtige Rolle in der Schaffung eines Milieus, das die Heilung stimuliert. Die Eigenschaften des für die Kontaktschicht genutzten Verbandsmaterials können sehr unterschiedlich sein und müssen dem jeweiligen Status der Wunde angepasst sein, wichtige Eigenschaften sind aber immer die Fähigkeit zur korrekten Anpassung an die Wunde und zur Absorption.

Stark absorbierendes Material
Stark absorbierendes Verbandsmaterial ist indiziert bei der Behandlung stark kontaminierter oder infizierter sowie verschmutzter Wunden und bei starker Exsudation. Solche Wunden befinden sich oft in der frühen Entzündungsphase der Wundheilung. In der späten Entzündungs- oder frühen Granulationsphase wird ein anderes Material gewählt, das die Wundheilung fördert, beispielsweise eine feuchtigkeitshaltende Wundauflage (*moisture-retentive dressing*, s. u.).

Gaze-Verbände
Gaze-Verbände werden als sogenannte Feucht-Trocken- und Trocken-Trocken-Verbände angewandt. Dies sind ältere Formen des Wundverbandes, die der Reinigung der Wunde von Exsudaten und nekrotischem Gewebe in der frühen Phase der Wundbehandlung dienen. Trockene Gaze kann beispielsweise bei stark nässenden Wunden die ökonomischste Primärschicht sein, wenn ein mehrfacher täglicher Verbandswechsel nötig ist. Nach drei bis fünf Tagen ist dann ein Wechsel zu einer Kontaktschicht nötig, die die Wundheilung fördert, z. B. ein Kalziumalginat-Verband, Hydrogel- oder Polyurethan-Verbände.

Tab. 1.1: Aufgaben und Eigenschaften eines Verbandes (nach Williams and Moores 2009 und Hedlund 2007)

- Schaffung eines ästhetisches Erscheinungsbildes
- Schutz der Wunde vor Kontamination
- Schutz der Wunde vor dem Patienten
- Schutz des Gewebes vor Austrocknung
- Schaffung eines feuchten Milieus für die Wundheilung
- Schaffung eines warmen und sauren Milieus für die Sauerstoffversorgung des Gewebes
- Reduktion von Schmerzen
- Verhinderung von Gewebebewegungen, Immobilisierung der Wundränder
- Druckaufbau zur Verringerung von Hohlräumen und Reduzierung von Ödemen und Blutungen
- Abgabe lokal wirksamer Medikamente
- Aufnahme von Feuchtigkeit
- Wunddébridement
- Stabilisation orthopädischer Verletzungen

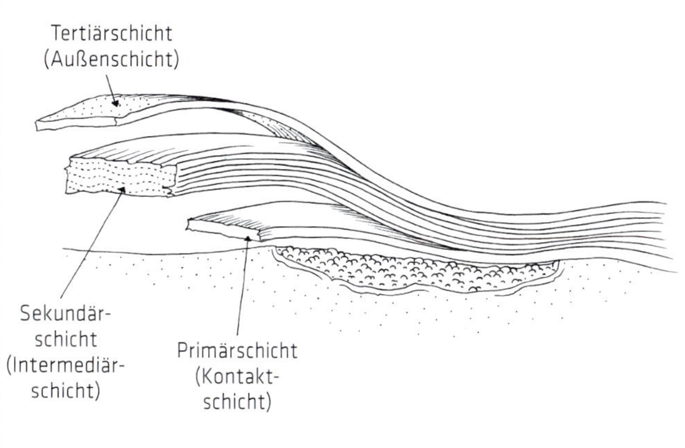

Abb. 1.1: Die drei Schichten eines Verbandes.

Als **Feucht-Trocken-Verband** wird weitmaschige Gaze mit steriler Kochsalzlösung, Ringer-Laktat oder 0,05%iger Chlorhexidin-Diazetat-Lösung angefeuchtet und bei Wunden mit viskösem Exsudat oder nekrotischem Gewebe verwendet. Das Exsudat wird verdünnt und in die sekundäre Verbandsschicht absorbiert. Durch die Verdunstung der Feuchtigkeit trocknet die Gaze und verklebt mit dem Gewebe, beim Verbandswechsel wird anhaftendes nekrotisches Gewebe dann mit entfernt. Da dies ist in der Regel schmerzhaft ist, kann ein Anfeuchten der Gaze mit warmem 2%igem Lidokain ohne Epinephrinzusatz sinnvoll sein, bei Katzen ist ein Anfeuchten der Gaze mit warmer physiologischer Kochsalzlösung indiziert.

Bei **Trocken-Trocken-Verbänden** wird trockene Gaze auf Wunden mit gering viskösem Exsudat platziert. Das Exsudat wird vom Verbandsmaterial aufgenommen und verdunstet, wodurch die Gaze mit dem Gewebe verklebt. Beim Verbandswechsel wird wiederum nekrotisches Gewebe mit entfernt. Das Anfeuchten des Verbandes mit erwärmtem 2%igem Lidokain (bzw. warmer physiologischer Kochsalzlösung bei Katzen) vor dem Verbandswechsel ist zu empfehlen.

Diese Gaze-Verbände haben einige Nachteile:

- Beim Verbandswechsel wird nicht nur nekrotisches Gewebe entfernt, sondern auch gesundes Gewebe bzw. Granulationsgewebe;
- Das trockene Milieu fördert nicht die Funktion von Zellen und Proteasen, die an der Wundheilung beteiligt sind;
- Exogene Bakterien können über die feuchte Gaze in die Wunde eindringen, bei ausbleibendem Verbandswechsel kann eine feuchte Mazeration des Gewebes erfolgen;
- Trockene Gaze kann beim Verbandswechsel Bakterien in der Luft verteilen;
- Gaze-Fasern können in der Wunde verbleiben und eine Entzündung induzieren;
- Mit der Wunde verklebte Verbände sind schmerzhaft zu tragen und zu entfernen;
- Die Entfernung der Wundflüssigkeit durch/mit dem Verband entfernt auch Zytokine und Wachstumsfaktoren, die essenziell für die Wundheilung sind.

Hypertoner Salzverband

Diese Verbände sind eine gute Wahl für infizierte oder nekrotische und stark nässende Wunden, die ein aggressives Débridement erfordern. Der hohe Salzanteil (20 %) wirkt osmotisch, entfernt Feuchtigkeit aus der Wunde zur Minderung von Ödemen und verbessert so die lokale Durchblutung. Gewebe und Bakterien werden osmotisch ausgetrocknet. Die Verbände werden alle ein bis zwei Tage gewechselt, bis Nekrose und/oder Infektion unter Kontrolle sind. Das Débridement ist nichtselektiv, beim Verbandswechsel werden krankes und gesundes Gewebe mit entfernt. Der Einsatz erfolgt in der frühen Wundheilung, um eine nekrotische Wunde in die Granulationsphase mit moderatem Exsudat zu führen. Dann wird zu einem Kalziumalginat-Verband, Hydrogel- oder Polyurethan-Verband gewechselt.

Kalziumalginat-Verband

Diese hydrophilen Verbände sind bei moderat bis hochgradig exsudativen Wunden indiziert, also in der Entzündungsphase der Wundheilung. Der Einsatz über offenliegenden Knochen, Muskeln oder Sehnen sowie trockenem nekrotischem Gewebe ist nicht angeraten, ebenso wenig auf trockenen Wunden oder Wunden mit trockenem nekrotischem Material. Sie sind als filzähnliche Kompressen oder Tamponaden erhältlich. Das aus Algen gewonnene Kalziumalginat reagiert mit dem Natrium in den Körperflüssigkeiten. Es geliert und das entstehende Kalzium-Natrium-Alginat-Gel hält das Wundmilieu feucht.

Beim Einsatz von Kalziumalginat-Verbänden muss der Hydratationszustand der Wunde beachtet werden. Um ein ausreichend feuchte Milieu zu erhalten, kann der Verband mit einer dampfdurchlässigen Polyurethanfolie abgedeckt werden. Wenn aber zu viel Exsudat produziert wird, kann über dem Kalziumalginat-Verband noch ein absorbierendes Hydrogel verwendet werden. Das Kalziumalginat absorbiert viel Feuchtigkeit, daher kann bei fortschreitender Wundheilung und abnehmender Exsudatmenge die Wunde austrocknen. Wird es zu lange belassen, kann es selbst austrocknen und in/auf der Wunde fest werden und einen Kalziumalginatschorf bilden, der schwer zu entfernen ist. Mit Kochsalzlösung kann das Kalziumalginat wieder in den gelförmigen Zustand zurückgeführt werden, um die Entfernung von der Wunde zu erleichtern.

Die Kalziumalginat-Verbände unterstützen den Übergang von der Entzündungsphase zur Reparationsphase der Wundheilung, indem sie autolytisches Débridement und die Bildung von Granulationsgewebe fördern. Um die Granulation bei Wunden mit geringer Exsudatmenge zu fördern, kann das Kalziumalginat vorab mit Kochsalzlösung angefeuchtet werden. Zusätzliche Effekte sind eine hämostatische Wirkung und die Bindung von Bakterien in der Gelschicht, die beim Verbandswechsel mit entfernt werden.

Copolymerschaum

Stark absorbierender Copolymerschaum auf Stärkebasis ist indiziert für infizierte Wunden mit moderater bis hochgradiger Exsudation. Zur Fixierung und zur Aufnahme überschüssiger Feuchtigkeit können Hydrokolloid-Verbände über dem Copolymer verwendet werden. Beim Verbandswechsel wird das Copolymer durch Lavage entfernt.

Es ist wichtig, die Exsudation der mit Stärke-Copolymer behandelten Wunde zu überwachen. Bei zu geringer Exsudation verklebt das Material mit der Wunde, was beim Verbandswechsel zu Gewebeschäden führen kann und zu Entzündungen, wenn Material in der Wunde verbleibt.

Feuchtigkeitshaltende Wundauflagen

Feuchtigkeitshaltende Wundauflagen schaffen ein warmes feuchtes Wundmilieu, das Zellproliferation und -funktion in der Entzündungs- und Heilungsphase fördert. Zusätzlich wird in jeder Phase durch das zurückgehaltene Wundsekret ein physiologisches Verhältnis an Proteasen, Proteaseinhibitoren, Wachstumsfaktoren und Zytokinen erhalten und bereitgestellt. So unterstützt das Exsudat die Heilung. Die klinische Einschätzung einer Wunde muss zur Entscheidung führen, zuerst stark absorbierende Materialien einzusetzen und später zu feuchtigkeitshaltenden Wundauflagen zu wechseln oder direkt feuchtigkeitshaltende Auflagen zu verwenden. Initial wird ein stark absorbierender Verband gewählt, wenn eine Infektion oder Nekrosen, Fremdkörper und große Mengen Exsudat vorliegen.

Das Wundmilieu unter einer feuchtigkeitshaltenden Wundauflage bietet einige Vorteile für die Wundheilung (Tab. 1.2). Nachteilig ist, dass durch die zurückgehaltene Feuchtigkeit eine Mazeration eintreten kann oder durch die Proteasen eine Exkoriation der umliegenden Haut.

Polyurethanschaum

Diese Wundauflagen sind weich, kompressibel, nichthaftend und passen sich der Wunde gut an. Sie sind durch das Dochtprinzip hoch absorbierend und werden bei moderat bis hochgradig exsudativen Wunden eingesetzt. Diese Schaumverbände erhalten ein feuchtes Wundmilieu und unterstützen das autolytische Débridement. Zusätzlich fördern sie ein gesundes Granulationsgewebe, es wurde auch über eine Unterstützung der Epithelisierung berichtet. Daher können die Polyurethanschaum-Verbände sowohl in der Entzündungs- als auch der Reparationsphase eingesetzt werden. Es ist auch möglich, den Schaum mit flüssigen Arzneimitteln zur Abgabe an die Wunde zu tränken.

Die Häufigkeit des Wechsels von Polyurethanschaum-Verbänden ist abhängig vom Heilungsstadium. Sie variiert zwischen einem Tag und sieben Tagen, mit den kürzeren Intervallen im frühen Stadium des Wundmanagements mit höherer Flüssigkeitsproduktion.

Tab. 1.2: Vorteile eines feuchtigkeithaltenden Verbandes* (nach Cambell 2006)

- Barrierefunktion gegen externe Bakterien
- Verhinderung der Gewebeaustrocknung
- Erhöhung der Konzentration systemisch verabreichter Antibiotika im Wundbereich
- Weiße Blutkörperchen mit ihren enzymatischen Aktivitäten verbleiben zum autolytischen Débridement in der Wunde
- Die geringe Sauerstoffspannung senkt den pH-Wert und verhindert so bakterielles Wachstum und fördert die Kollagensynthese, die Angiogenese und zieht weiße Blutkörperchen an
- Erhaltung der physiologischen Temperatur unterstützt Zellfunktionen, Proteasen und Wachstumsfaktoren
- Tragekomfort und schmerzarmer Verbandswechsel
- Undurchlässigkeit gegenüber Harn und anderen exogenen Flüssigkeiten
- Geringere Häufigkeit des Verbandswechsels und reduzierte Kosten
- Geringere Narbenbildung
- Geringere bakterienhaltige Aerosolbildung beim Verbandswechsel

* Die Vorteile variieren bei den einzelnen feuchtigkeitshaltenden Verbänden.

Polyurethanfolien

Es handelt sich um transparente dünne Folien, die flexibel und semiokklusiv sind, d. h. permeabel für Gase, nicht aber für Flüssigkeiten oder Bakterien. Sie haben einen haftenden Rand zur Befestigung auf der Haut in der Wundumgebung. Die Transparenz erlaubt die Wundbeurteilung. Da sie nicht absorbierend wirken, werden sie auf Wunden ohne oder mit minimaler Exsudation eingesetzt. Dies können trockene verschorfte Nekrosen sein oder oberflächliche Wunden wie Abrasionsverletzungen. Ebenso können sie im fortgeschrittenen Reparationsstadium eingesetzt werden, wenn eine feuchte Umgebung zur Förderung der Epithelisierung erforderlich ist. Weiterhin ist ein Einsatz über anderen Wundauflagen möglich, um ein feuchtes Wundmilieu zu erhalten und als bakterien- und wasserdichte Schicht zu dienen.

Die Folien sollten nicht auf stark nässenden oder infizierten Wunden oder bei nicht intakter Haut in der Wundumgebung eingesetzt werden. Auch über offenliegenden Knochen, Muskeln oder Sehnen sowie bei hochgradigen Verbrennungen sind sie nicht anzuwenden.

Die Polyurethanfolien haften schlecht auf unrasierter oder faltiger Haut. Haarwachstum in der Wundumgebung kann die Haftung beeinträchtigen und die Klebeflächen von der Haut lösen. Die Haftung kann jedoch durch Haftspray erhöht werden.

Bei dieser Verbandsart darf das trübe weiße bis gelbliche Exsudat, das sich unter der Folie ansammelt, nicht als infektionsbedingt interpretiert werden, es handelt sich lediglich um die Wundflüssigkeit. Eine Infektion manifestiert sich durch Hitze, Schwellung, Schmerz und Hyperämie des umgebenden Gewebes.

Hydrogele

Hydrogele sind wasserreiche Gele, die als Verbandsmaterial in flächiger Form oder als amorphes Gel verwendet werden. Einige Hydrogele enthalten Arzneimittel, die die Wundheilung positiv beeinflussen, z. B. Acemannan als Wundheilungsstimulanz und Metronidazol oder Silbersulfadiazin als antimikrobielle Wirkstoffe.

Da sie Feuchtigkeit an die Wunde abgeben, können Hydrogele bei verschorften Wunden oder trockener sich ablösender Haut zur Rehydrierung des Gewebes verwendet werden. Um sicherzustellen, dass Wundfeuchtigkeit ins Gewebe gelangt und nicht in die sekundäre Verbandsschicht, kann das Hydrogel mit einer nichthaftenden semiokklusiven Auflage oder mit dampfdurchlässigem Polyurethanschaum überdeckt werden. Einige Hydrogele haben bereits eine undurchlässige Auflage als Teil des Verbandsmaterials. Sie können auch über nekrotischen Wunden eingesetzt werden, um für ein feuchtes Milieu zu sorgen und so das autolytische Débridement zu fördern. Statt Feuchtigkeit an die Wunde abzugeben, haben manche Hydrogele die Fähigkeit zur Aufnahme großer Mengen Flüssigkeit, diese können auf stark nässenden Wunden eingesetzt werden.

Ein Verbandswechsel erfolgt bei nicht infizierten Wunden in der Regel alle drei Tage. Wird aber ein Hydrogel mit wundstimulierenden oder antimikrobiellen Zusätzen verwendet, kann ein täglicher Wechsel indiziert sein, um die Wirkung an der Wunde zu gewährleisten. Bei Abrasionen mit minimaler Exsudation reicht ein Wechsel nach vier bis sieben Tagen. Beim Verbandswechsel wird das Hydrogel mit Kochsalzlösung aus der Wunde herausgespült.

Hydrokolloide

Hydrokolloide bestehen aus absorbierenden und elastomeren Komponenten, die sich mit der Wundflüssigkeit zu einem Gel verbinden. Einige haben eine adhäsive Hydrokolloidschicht zum Kontakt mit der Wunde und eine äußere okklusive Polyurethanschicht. Das Hydrokolloid haftet auf der Haut in der Wundumgebung und bildet über der Wunde mit der Wundflüssigkeit ein okklusives Gel. Das Gel kann einen leichten Geruch und ein gelbes purulentes Aussehen haben. Dies darf nicht als Zeichen einer Infektion gewertet werden. Eine Infektion manifestiert sich durch Hitze, Schwellung, Schmerz und Hyperämie des umgebenden Gewebes. Das Gel ist üblicherweise zäher als Exsudat oder das Gel von Hydrogel-Verbänden.

Auch wenn Hydrokolloide als Paste, Granulat oder Puder erhältlich sind, werden sie meist als Folie eingesetzt, da diese ein thermoisoliertes feuchtes Milieu gewährleistet und für Flüssigkeiten, Gase und Bakterien undurchlässig ist.

Hydrokolloide können bei oberflächlichen bis tiefen Wunden mit sauberer bis nekrotischer Wundfläche verwendet werden, inklusive Druckwunden, kleineren Verbrennungen, Abrasionsverletzungen oder Transplantatentnahmestellen. Ein Einsatz ist in der Entzündungs- und Reparationsphase möglich. In der Entzündungsphase fördern sie das autolytische Débridement, in der Reparationsphase stimulieren sie Granulation, Kollagensynthese und Epithelisierung. Allerdings kann die Haftung in der Wundumgebung die Wundkontraktion verzögern. Hydrokolloide sollten nicht bei hochgradig infizierten Wunden oder stark nässenden Wunden verwendet werden. Letzteres kann zu Mazerationen sowie Exkoriationen der Haut in der Wundumgebung führen.

Vor der Applikation müssen die Haare um die Wunde herum geschoren werden. Die Wundauflage wird zwischen den Händen erwärmt und so zugeschnitten, dass sie die Wunde überall um etwa einen Zentimeter überragt. Die rückwärtige Schutzschicht wird entfernt und die Wundauflage auf der Wunde platziert, das Material haftet auf der Haut in der Wundumgebung. Nach zwei bis drei Tagen, wenn sie sich etwa anfühlt wie eine flüssigkeitsgefüllte Blase, muss die Wundauflage gewechselt werden bevor das Gel an den Rändern herausquillt. Nach der Entfernung des Verbandes wird das Gel aus der Wunde und von der Wundumgebung vorsichtig fortgewischt bzw. ausgespült. Die Anwendung der Hydrokolloide endet mit vollendeter Epithelisierung der Wunde.

Nichthaftende semiokklusive Wundauflagen
Diese Wundauflagen haben eine geringe Absorptionsfähigkeit. Sie sind porös und erlauben Flüssigkeiten, in die sekundäre Verbandsschicht überzutreten, wo sie verdunsten können. Die Durchlässigkeit erlaubt aber auch exogenen Bakterien, in Richtung der Wunde zu wandern.

Es kann sich um weitmaschige paraffinimprägnierte Gaze oder um ein absorbierendes Material in einer nichthaftenden porösen Ummantelung handeln. Auch wenn sie als nichthaftend klassifiziert sind, sind diese Wundauflagen leicht haftend. Bei der imprägnierten Gaze kann das Granulationsgewebe bzw. das Epithel in die Maschen einwachsen und so zur Verklebung mit der Wunde und zu Gewebeschäden bei der Verbandsentfernung führen. Die perforierte nichthaftende Wundauflage kann mit der Wunde verkleben, wenn die Wunde austrocknet und das Exsudat in den Poren ebenfalls. Sind die Perforationen groß genug, kann auch Granulationsgewebe oder Epithel einwachsen.

Die imprägnierte Gaze sollte in der Reparationsphase nur im frühen Stadium verwendet und dann häufig gewechselt werden, sodass das Granulationsgewebe nicht in die Maschen einwächst. Paraffin kann die Epithelisierung behindern, dies wird in der frühen Reparationsphase vermieden. Sobald die Epithelisierung beginnt, sollte das perforierte nichthaftende Material mit absorbierender Füllung verwendet werden.

Der Einsatz der perforierten nichthaftenden Wundauflagen mit absorbierender Füllung erfolgt, um eine gewisse Feuchtigkeit über der Wunde zu erhalten und die Epithelisierung zu fördern, während überschüssige Feuchtigkeit in die zweite Verbandsschicht abgegeben wird. Sie werden über oberflächlichen Wunden mit geringer bis mittelgradiger Exsudation verwendet, häufig erfolgt ein Einsatz im späteren Reparationsstadium mit geringer Exsudation. Sie sind auch gute Wundauflagen für vernähte Wunden.

Antimikrobielle Wundauflagen
Antimikrobielle Substanzen wie Jod, Silber, Polyhexamethylenbiguanid, Aktivkohle oder Antibiotika werden in Wundauflagen eingebracht. Diese Wundauflagen sind bei infizierten Wunden indiziert oder bei Wunden mit Infektionsrisiko. Sie sind nicht feuchtigkeitshaltend, eine Überdeckung mit Polyurethanfolie kann die Austrocknung verhindern.

Wundauflagen mit Cadexomer-Jod geben Jod an die Wunde ab, ohne die Wundzellen negativ zu beeinflussen. Durch die langsame Freisetzung wird ein wirksamer Jodspiegel über etwa 48 Stunden gehalten.

Silberionen in Wundauflagen haben einen breiten antimikrobiellen Effekt und wirken auch gegen ansonsten resistente Organismen und einige Pilze. Es gibt verschiedene Materialien mit Silberionen, wie Gaze-Auflagen und Gaze-Binden, wenig haftende, hydrokolloide oder Hydrogel- sowie Alginat-Verbände.

Polyhexamethylenbiguanid (PHMB) ist ein mit Chlorhexidin verwandtes Antiseptikum und wird in Gaze-Auflagen und Gaze-Binden eingebracht. Es wirkt bakterizid mit breitem Spektrum, ohne dass Resistenzen entstehen, es ist gewebeverträglich und ohne erkennbaren Effekt auf die Wundheilung. PHMB hat einen lange anhaltenden antibakteriellen Effekt, es verhindert eine Kontamination der Umgebung mit Wundkeimen und hindert exogene Bakterien am Eindringen in den Verband.

Aktivkohle-Verbände erhalten ein feuchtes Wundmilieu, absorbieren Bakterien, verhindern überschießende Granulation und reduzieren den Wundgeruch.

Gentamicin-imprägnierte Kollagenschwämme aus bovinem Typ-I-Kollagen liefern hohe lokale Antibiotikaspiegel bei Serumkonzentrationen unterhalb der toxischen Dosis. Es wird auch über hämostatische Effekte berichtet.

Biomatrix
Es handelt sich um zelllose abbaubare Folien mit einer dreidimensionalen Ultrastruktur. Sie werden aus der Matrix der porcinen Dünndarmsubmukosa oder Harnblasensubmukosa hergestellt und enthalten Strukturproteine, Wachstumsfaktoren, Zytokine und deren Inhibitoren. In den ersten beiden Wochen auf einer Wunde wird die Wundauflage abgebaut, wobei die Abbauprodukte chemotaktisch auf Reparaturzellen wirken. Diese gelangen als Stammzellen in die Wunde und schaffen eine ortsspezifische Matrix, also in Hautwunden beispielsweise die entsprechende Matrix für die Dermis. Nach 30–90 Tagen ist die gesamte Biomatrix durch ein spezifisches Grundgerüst ersetzt.

Die Applikation der Biomatrix weicht völlig ab von der üblichen Wundbehandlung. Es wird ein umfassendes Débridement durchgeführt, die Wunde muss frei sein von Medikamenten, Reinigungsmitteln und Exsudat, Infektionen müssen eliminiert oder gut unter Kontrolle sein. Das Biomatrix-Blatt wird etwas größer als die Wunde zugeschnitten, mit Kochsalzlösung rehydriert und an den Wundrändern unter die Haut geschoben und angenäht. Wird eine Exsudation erwartet, kann die Biomatrix fenestriert werden. Eine nichthaftende oder feuchtigkeitshaltende Wundauflage wird über der Biomatrix appliziert. Beim ersten Verbandswechsel nach drei bis vier Tagen werden alle Verbandsschichten bis auf die Biomatrix gewechselt, die dann eine gelblich-braune Färbung hat. Eine zweite Schicht Biomatrix wird über die erste Schicht gelegt. Beim nächsten Verbandswechsel nach vier bis sieben Tagen wird eine neue Biomatrix aufgelegt, nach zwei bis drei Schichten Biomatrix wird dann keine neue Schicht mehr appliziert. Typischerweise entsteht ein Granulationsgewebebett und eine ortsspezifische Matrix, die die Heilung mit der Entwicklung ortspezifischen Gewebes vorantreibt. Das Wundmanagement der granulierenden Wunde wird mit den den Heilungsstadien angemessenen Verbänden fortgesetzt.

Sekundärschicht

Die Hauptfunktion der Sekundärschicht oder Intermediärschicht eines Verbandes ist die Absorption. Daher sollte sie gute kapillare Eigenschaften haben, um Blut, Serum, Exsudat, Debris, Bakterien und Enzyme von der Wunde aufzunehmen. Weitere Aufgaben sind die Polsterung und der Schutz der Wunde vor weiteren Verletzungen, die Verhinderung von Bewegungen im Wundbereich und die Fixierung der primären Verbandsschicht.

Die Materialien, die für die Sekundärschicht genutzt werden können, umfassen spezifische lose gewebte absorbierende Binden, Polsterwatte und Naturwatte. Einer der Autoren (S.F. Swaim) bevorzugt die erste Variante. Die letzten beiden Materialien haben den Vorteil, nicht zu fest appliziert werden zu können, da sie unter Zug reißen. Sie können jedoch bei Wundkontakt mit der Wunde verkleben und beim Verbandswechsel dort unbemerkt Fremdmaterial hinterlassen. Selbsthaftender Verbandsmull oder Schlauchverbände können über der Wickellage als Teil der Sekundärschicht appliziert werden, um stützend und versteifend zu wirken.

Die Sekundärschicht sollte als Wickellage mit etwa 50 % Überlappung jeder Lage angebracht werden. Bei der Applikation an einer Gliedmaße wird von distal nach proximal gewickelt. Die Sekundärschicht soll ausreichend Druck haben, um den Kontakt zwischen Wundauflage und Wunde und zwischen Primär- und Sekundärschicht zu gewährleisten. Übermäßiger Zug beim Wickeln muss jedoch vermieden werden, da die Absorptionsfähigkeit des Verbandes sowie Blutversorgung des Gewebes und die Wundkontraktion beeinträchtigt werden.

Der Verband sollte bei stark drainierenden Wunden häufig, mindestens täglich, gewechselt werden, um das Exsudat zu entfernen, das in die Sekundärschicht aufgenommen wurde. Der Wechsel sollte erfolgen, ehe das Exsudat durch die Tertiärschicht austritt, da dies zur Wanderung exogener Bakterien zur Wunde führen kann. Zur Verhinderung dieser Wundkontamination kann auch antimikrobielles Material für die Sekundärschicht verwendet werden. Wenn die aufgenommene Flüssigkeitsmenge in der Sekundärschicht geringer ist, z. B. bei Verwendung feuchtigkeitshaltender Wundauflagen oder bei fortschreitender Heilung, muss die Sekundärschicht nicht so häufig gewechselt werden.

Tertiärschicht

Die Tertiärschicht oder Außenschicht eines Verbandes dient hauptsächlich der Fixierung der anderen Verbandsschichten und dem Schutz vor externen Kontaminationen. Materialien für diese Schicht sind durchlässiges Heftpflaster, okklusives wasserfestes Pflaster, elastisches klebendes oder selbsthaftendes Material oder Stockinetten (Schlauchverbände).

Bei der Applikation dieser Schicht müssen verschiedene Faktoren berücksichtigt werden:

1. Die Tertiärschicht muss unter adäquatem Zug appliziert werden, um die Primärschicht in Kontakt mit der Wunde und die Sekundärschicht in Kontakt mit der Primärschicht zu halten. Die Applikation darf jedoch nicht zu fest erfolgen, da dies die Absorptionsfähigkeit der Sekundärschicht beeinträchtigt;
2. An Kopf und Gliedmaßen kann eine zu feste Applikation außerdem zu Atem- bzw. Zirkulationsproblemen führen. Aus diesem Grund verwendet einer der Autoren (S. F. Swaim) Heftpflaster nur als vorgefertigte Streifen, statt das Pflaster direkt von der Rolle auf den Verband abzuwickeln, jeder Streifen überlappt dabei den vorangehenden um ein Drittel bis zur Hälfte. Die elastischen Binden werden direkt von der Rolle verwendet, um das Risiko einer zu festen Applikation zu mindern, wird das Material verbandsnah mit einer Hand fixiert, während es mit der anderen Hand von der Rolle abgezogen wird. Ein weiterer Anhaltspunkt ist die Textur des elastischen Materials, die gedehnt werden sollte ohne zu verstreichen;

3. Außerdem muss die Okklusivität der Tertiärschicht bedacht werden. Durchlässiges Pflaster erlaubt die Evaporation von Flüssigkeiten und fördert trockene Verbände, was bakterielles Wachstum verhindern kann. Wenn diese Schicht aber feucht wird, können externe Bakterien bis zur Wunde wandern. Wird okklusives wasserfestes Material verwendet, schützt dies die darunterliegenden Schichten vor exogener Feuchtigkeit, es kann aber auch zu erhöhter Feuchtigkeitsretention führen und einen häufigeren Verbandswechsel erforderlich machen. Dies trifft insbesondere auf Pfotenverbände zu, bei denen der Schweiß von den Ballen zusammen mit dem Wundexsudat zu erheblichen Feuchtigkeitsmengen führt. Es muss außerdem daran gedacht werden, dass jegliche Flüssigkeit, die in einen Verband mit einer wasserundurchlässigen Tertiärschicht gelangt, dort verbleibt.

Es gibt weitere Möglichkeiten, einen Verband zu fixieren und zu schützen. Dies umfasst auch vorgefertigte atmungsaktive Verbandshalter aus nichtgewebtem Polypropylen mit Klettverschlüssen. Sie sind waschbar, wieder verwendbar und nicht konstriktiv. Es gibt sie in unterschiedlichen Größen für Ellbogen, Hüfte, Schulter, Kopf, Abdomen, Thorax und Gliedmaßen. Lycra-Bodysuits bieten einen atmungsaktiven Verbandsschutz für Thorax, Abdomen und Gliedmaßen.

1.1.3 Spezielle Überlegungen zu Verbänden, Gipsen und Schienen

Häufigkeit des Verbandswechsels

Die Häufigkeit des Verbandswechsels nimmt mit fortschreitender Wundheilung ab. In den frühen Stadien der Heilung – wenn die Exsudation am größten, die Wundbeobachtung wichtig und die Verhinderung des Durchfeuchtens nötig ist – kann ein häufiger Verbandswechsel angezeigt sein. Verbände mit hoher Absorptionskapazität (z. B. Gaze) müssen mindestens täglich gewechselt werden, in Abhängigkeit von der Exsudatmenge sogar öfter. Bei feuchtigkeitshaltenden Wundauflagen zur Unterstützung des autolytischen Débridements kann der Verband bis zu drei Tage belassen werden.

Wenn ein gesundes Granulationsgewebe vorliegt und die Exsudatmengen gering sind, wird der Abstand zwischen den Verbandswechseln länger. Bei nichthaftenden semiokklusiven Wundauflagen kann der Abstand drei bis vier Tage betragen. Bei anderen feuchtigkeitshaltenden Verbänden sind Abstände von fünf bis sieben Tagen möglich.

Es gibt immer Situationen, in denen ein Verbands-, Gips- oder Schienenwechsel außer der Reihe erforderlich ist. Dies umfasst ein Verrutschen oder Durchfeuchten des Verbandes, externe Nässe und Kontaminationen und Beschädigungen des Verbandes, Gipses oder der Schiene. Unangenehmer Geruch, Schwellungen und Hypothermie des Gewebes außerhalb des Verbandes (z. B. der freigelassenen Zehen bei einem Gliedmaßen- oder Pfotenverband) und konstantes Lecken oder Kauen am Verband sind ebenfalls Indikationen für einen Wechsel.

Sicherer Sitz

Damit ein Verband, Gips oder eine Schiene wirkungsvoll sein kann, muss ein sicherer Sitz gewährleistet sein. Dies ist eine Herausforderung, da die Größe und Form der Tiere sehr unterschiedlich ist (z. B. Chihuahua und Dänische Dogge) und die Toleranz gegenüber dem Verband individuell variiert. In den folgenden Kapiteln wird die Applikation von Verbänden, Gipsen und Schienen beschrieben, inklusive der Techniken, die einen sicheren Sitz gewährleisten sollen. Aufgrund der oben genannten Unterschiede muss der Tierarzt die Techniken gelegentlich modifizieren und mit einer restriktiven Maßnahme kombinieren, um den Halt des Verbandes sicherzustellen. Wenn aber eine Modifizierung erfolgt, muss der Grundsatz beachtet werden, vor allem keinen Schaden zuzufügen. Ein gutes klinisches Verständnis ist Voraussetzung der Applikation von Verbänden, Gipsen und Schienen.

Druckentlastung

Die Verhinderung von Druck durch Verbände, Gipse und Schienen ist aus zwei Gründen wichtig:

Zum Einen muss eine Druckschädigung durch zu enge Verbände verhindert werden. Dies ist besonders an den Extremitäten und am Kopf relevant, v. a. bei der Verwendung elastischer Binden (s. Kap. 2.2). Die Techniken zur Verhinderung der Druckbelastung sind an verschiedenen Stellen in diesem Buch beschrieben (Kap. 1.1.2, Kap. 2, Kap. 4.2.2).

Zum Anderen müssen lokale Druckläsionen über anatomischen Prominenzen und an den Ballen verhindert werden. Die Techniken zur Verhinderung dieser Schäden sind ebenfalls in unterschiedlichen Kapiteln beschrieben (Kap. 4.2.1–3, Kap. 4.2.5, Kap. 4.2.8, Kap. 4.2.9, Kap. 4.3.5).

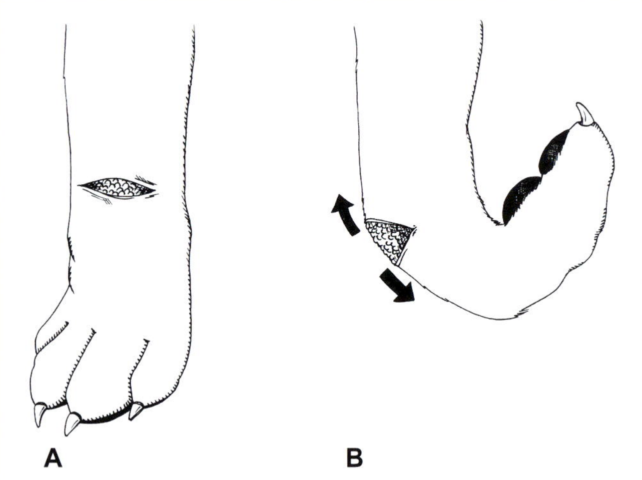

Abb. 1.2: Aufklaffen der Wunde bei Gelenkbeugung. (A) Eine Verletzung auf der Streckseite des Karpus. (B) Die Karpalgelenkbeugung führt zum Auseinanderklaffen der Wundränder (Pfeile).

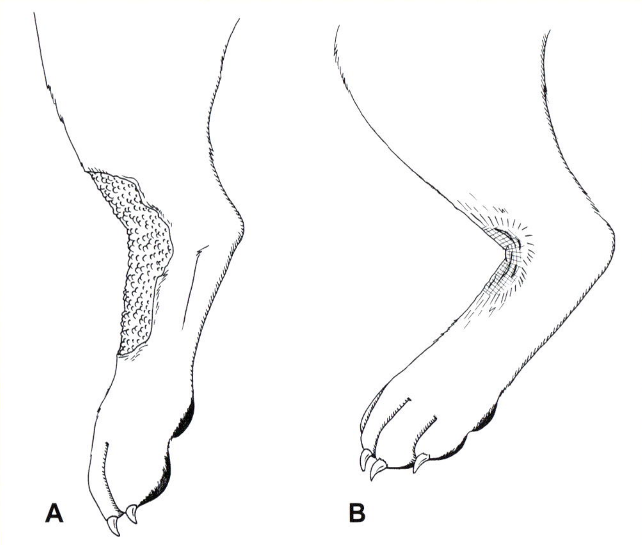

Abb. 1.3: Wundkontraktion bei offener Wundheilung. (A) Eine großflächige Verletzung auf der Beugeseite des Sprunggelenkes. (B) Die Wundkontraktion führt zur Kontraktionsdeformation mit Beeinträchtigung der Sprunggelenkstreckung.

Gelenkimmobilisation

Die Heilung von Wunden über Gelenken kann aufgrund der Bewegung des Gelenkes problematisch sein. Daher ist für eine optimale Heilung die Immobilisation des Gelenkes indiziert, sie wird durch entsprechende Verbände, Gipse oder Schienen erreicht.

Bei einer Wunde an der Streckseite eines Gelenkes kommt es bei Gelenkbewegungen zum Auseinanderklaffen der Wundränder (Abb. 1.2). Dies kann bei genähten Verletzungen zum Ausreißen der Fäden aus dem Gewebe führen. Eine Immobilisation ist daher angezeigt.

Ein große Wundfläche an der Beugeseite eines Gelenkes kann bei offener Wundheilung mit Wundkontraktion zu wundheilungsbedingten Deformationen führen, durch die das Gelenk in Beugestellung fixiert wird (Abb. 1.3). Eine Gelenkimmobilisation in Streckstellung kann dies verhindern. Die Wunde muss hauptsächlich durch Epithelisierung heilen oder es ist eine Hauttransplantation oder ein Flap erforderlich, es wird jedoch eine Deformation vermieden.

Längere Gelenkimmobilisationen können zu Atrophien, Steifigkeit der Gelenke, Druckläsionen und Knorpeldegenerationen führen. Beim Verbandswechsel muss der Kliniker nicht nur die Wunde selbst behandeln, sondern auch den Zustand der Gelenke beurteilen.

Mazeration und Exkoriation

Mazeration ist im Prinzip die Überhydrierung der Haut in der Wundumgebung durch zu langen Kontakt mit dem Wundsekret. Dies beeinträchtigt die Barrierefunktion der Haut. **Exkoriation** ist die Abrasion der Haut durch hohe Gehalte an Matrix-Metalloproteinasen im Exsudat chronischer Wunden. Auch dies beeinträchtigt die Barrierefunktion der Haut.

Es muss eine Kontaktschicht gewählt werden, die der Exsudatmenge der Wunde angemessen ist. So werden Mazeration und Exkoriation durch zu hohe Exsudatmengen über der Wunde verhindert. Bei der Anwendung feuchtigkeitshaltender Wundauflagen sollten diese passend zur Wunde zugeschnitten werden, um eine Überlappung der gesunden Haut in der Wundumgebung zu vermeiden.

1.1.4 Sedation oder Anästhesie beim Verbandswechsel

Es gibt verschiedene Wege, um Schmerzen und Unbehagen des Tieres beim Verbandswechsel zu reduzieren.

Autolytisches Débridement mit nichthaftenden feuchtigkeitshaltenden Wundauflagen ist schmerzloser als das mechanische Débridement bei der Entfernung von Feucht-Trocken- oder Trocken-Trocken-Verbänden. Werden aber letztere genutzt, so wird die Entfernung angenehmer, wenn die an der Wunde haftende Gaze einige Minuten vorher mit 2%igem Lidokain angefeuchtet wird. Bei Katzen wird zu diesem Zweck warme physiologische Kochsalzlösung verwendet.

Bei der Entfernung von Pflaster wird dieses in der Richtung des Haarwuchses entfernt, unter Fixierung der Haut mit der anderen Hand. Ethanol oder kommerzielle Pflasterlösemittel können zum Lösen des Pflasters eingesetzt werden. Um eine Schädigung der Haut bei der Entfernung des Pflasters (*epidermal stripping*) zu verhindern, kann vor der Pflasterapplikation auch eine Hexamethyldisiloxan-Lösung auf die Haut aufgebracht werden.

Bei einigen Tieren kann eine Sedation zum Verbandswechsel erforderlich sein, vor allem in der zeitigen Wundmanagementphase, wenn stufenweises Débridement und entsprechende Lavage durchgeführt werden. Auch wenn dies höhere Kosten und ein Sedationsrisiko bedeutet, führt dies durch die bessere Handhabung des Tieres zu einem qualitativ besseren Wundmanagement und weniger Stress für Tier und Personal.

Eine Allgemeinanästheise kann bei aggressivem chirurgischem Débridement, beim Verbandswechsel bei schmerzhaften Wunden oder bei besonders aggressiven Tieren angezeigt sein.

1.2 Gipse und Schienen

Für Gips- und Schienenverbände werden weitgehend dieselben Materialien und Schichten verwendet wie für andere Verbände, generell dienen Polsterwatte, Gaze und diverse Materialien für die Tertiärschicht demselben Zweck. Die Anwendung wird bei den einzelnen Gips- und Schienentechniken in diesem Buch erläutert. Da aber Gips- und Schienenverbände für längere Zeit belassen werden und steife Elemente enthalten, ist die Prävention von Schäden durch zu enge Verbände bedeutsam. Sehr wichtig ist auch das Vermeiden von Falten im Verbandsmaterial, Druck auf anatomische Prominenzen und die Beweglichkeit innerhalb des Gipses bzw. der Schienung.

1.2.1 Zweck und Funktion von Gipsen und Schienen

Der Unterschied zu anderen Verbänden wird durch die Materialien ausgemacht, die zur Versteifung führen. Der Zweck kann die Stabilisation einer Fraktur sein, um die Knochenheilung zu gewährleisten oder einfach um einen komfortableren Transport des Tieres zu erlauben. Gipse und Schienen können nach chirurgischen Eingriffen schützen oder Weichteilverletzungen stabilisieren. Die Steifheit eines Gipses ist höher als die einer Schiene, ein intakter Gips ist stabiler als ein geteilter und wieder applizierter Gips (*bivalved cast*). Die Steifigkeit wird durch Aluminiumstäbe, kommerzielle Kunststoff- oder Metallschienen, Gips- oder Kunstgipsbinden oder andere in Größe und Stabilität angemessene Materialien (z. B. thermoplastischer Kunststoff) erreicht.

1.2.2 Materialien

Schienenstäbe

Schienenstäbe sind günstig, aber sie passen sich einer Gliedmaße nicht so gut an wie ein Kunstgips, sie müssen zugeschnitten und in Form gebogen werden. Es muss darauf geachtet werden, dass die abgeschnittenen Enden das Tier nicht verletzten können.

Kunststoff- und Metallschienen

Kommerzielle Kunststoff- und Metallschienen sind in verschiedenen Formen und Größen erhältlich, einige funktionieren in Abhängigkeit von Patient, Lokalisation und Einsatzzweck besser als andere. Es ist am besten, eine Auswahl an Schienen verschiedener Hersteller und Größen auf Lager zu haben, um daraus die für den jeweiligen Fall passende Schiene aussuchen zu können. Metallschienen können mit Metallscheren geschnitten werden, um sie bei Bedarf zu modifizieren. Schienen werden appliziert, nachdem ein Grundverband angebracht wurde (z. B. ein Verband aus Kontaktschicht, Polsterwatte als Sekundärschicht und Gazewickelung) und werden dann mit nichtelastischem Material wie Klebepflaster an der Gliedmaße fixiert.

Thermoplastischer Kunststoff

Thermoplastische Kunststoffe werden in heißem Wasser erhitzt und können dann manuell der jeweiligen Region angepasst werden. In erhitztem Zustand kann das Material auch mit Scheren geschnitten werden. Nach der Abkühlung wird das Material wieder fest und steif.

Stockinetten

Stockinetten (Schlauchverbände) unter dem Gipsmaterial sind nicht unbedingt notwendig, tragen aber nach Meinung der Autoren zum Tragekomfort bei. Ist die Stockinette länger als der (Kunst)Gips, kann sie auf den Gips zurückgeschlagen werden. Mit etwas Polstermaterial wird daraus ein Schutz des Gewebes vor den scharfen Rändern des Gipses.

(Kunst)Gipsbinden

(Kunst)Gipsbinden können eingesetzt werden, um daraus eine passende Schiene oder einen Gipsverband herzustellen. Fiberglas („Kunstgips") ist Gips vorzuziehen, weil es leicht, dauerhaft und wasserfest ist. Gips ist jedoch günstiger und bindet langsamer und mit geringerer Temperaturfreisetzung ab. Werden Fiberglasbinden verwendet, darf das Material nicht gedehnt werden, da es langsam wieder seine ursprüngliche Länge annimmt. Eine Schiene kann dadurch zu kurz, ein Kunstgipsverband (Cast) zu eng werden.

2 Kopf- und Ohrenverbände

2.1 Ohren-Notfallverband

Indikationen

Das häufigste Einsatzgebiet des Notfallverbandes ist die Versorgung von Lazerationen der Ohrmuschel durch Dornen oder Stacheldraht bei Jagd- und Arbeitshunden. Die Hunde schütteln instinktiv den Kopf, um sich von der Irritation zu befreien, die die Verletzung hervorruft. Dies verstärkt allerdings nur die Irritation, kann die Ohrmuschel weiter beschädigen und verteilt Blut in der Umgebung des Hundes. Dies soll durch die Immobilisation des Ohres mit dem Notfallverband verhindert werden.

Technik

- Ein Strumpfhosenbein wird auf eine Länge zugeschnitten, die der Kopflänge des Hundes entspricht. Solche Zuschnitte können im Erste-Hilfe-Päckchen beim Arbeitseinsatz mitgeführt werden. Ein Teil einer orthopädischen Stockinette kann ebenfalls benutzt werden.
- Bei Bedarf wird das Strumpfhosenteil zur Immobilisation des Ohres über den Kopf des Hundes gestreift (Abb. 2.1).

Abb. 2.1

Nachsorge

Wenn der Hund weiterhin mit dem Kopf schüttelt und das Strumpfhosenteil hinunterrutscht kann es notwendig sein, das vordere Ende des Strumpfhosenabschnitts mit Pflaster rund um den Kopf des Hundes zu befestigen. Hierzu wird ein 5 cm breites Pflaster benutzt, das mit jeweils der Hälfte seiner Breite auf der Strumpfhose bzw. auf dem Fell/der Haut des Tieres befestigt wird.

Vorteile und Komplikationen

Der Ohren-Notfallverband ist klein und kann leicht im Erste-Hilfe-Päckchen untergebracht werden. Er ist sofort einsatzbereit und schnell vor Ort angebracht und bietet dem Ohr Schutz, bis eine weitergehende Versorgung der Verletzung erfolgen kann.

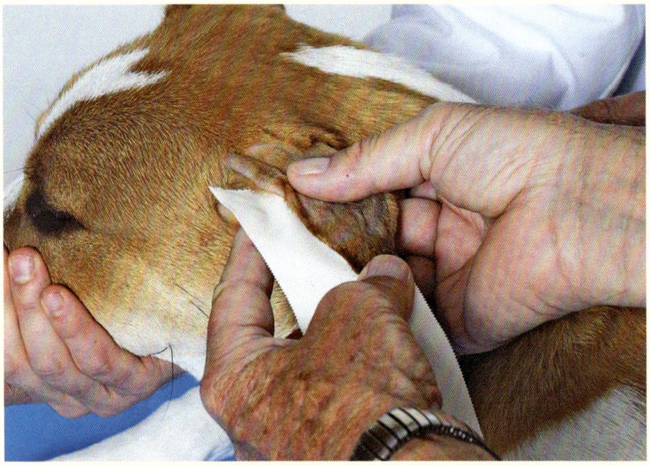

Abb. 2.2

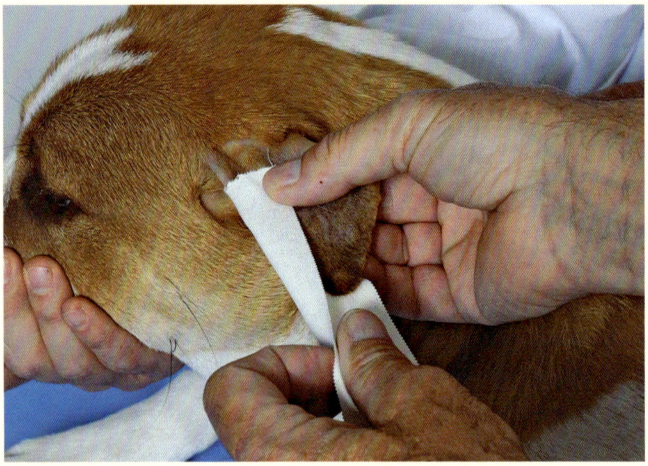

Abb. 2.3

2.2 Einfacher Kopf- und Ohrenverband

Indikationen

Der einfache Kopf- und Ohrenverband ist zum Schutz von Wunden in diesem Gebiet anzuwenden. Dies schließt Wunden ein, die im Zusammenhang mit der operativen Versorgung von Othämatomen, der Ablatio des äußeren Gehörgangs, Traumata und Tumorresektionen stehen.

Technik

Im Folgenden wird die Technik für einen Kopf- und Ohrenverband bei einem Hund beschrieben, bei dem eine Operation an der Ohrmuschel erfolgte (z. B. Othämatombehandlung) und die **Medikamentenapplikation in den Gehörgang** gewährleistet sein muss. Derselbe Verband wird bei anderen Gelegenheiten angewandt, ohne dass der Zugang für die Medikamentenapplikation aufgeschnitten wird.

- Beide Seiten der Ohrmuschel werden geschoren, gereinigt und trocknen gelassen, um einen besseren Halt für das Pflaster zu erreichen, mit dem „Zügel“ an der Ohrmuschel angebracht werden.
- Am rostralen und kaudalen Rand der Ohrmuschel werden „Zügel“ aus Pflaster angebracht. Die Pflasterstreifen sollen 5 cm breit sein und lang genug, um einmal um den Kopf des Hundes geführt zu werden. Das Pflaster wird mit etwa der Hälfte der Klebefläche parallel zur Längsachse der Ohrmuschel am rostralen Rand der Ohrmuschel auf der konkaven Fläche des Ohres angebracht (Abb. 2.2).
- Die andere Hälfte des Pflasters wird auf die konvexe Ohrmuschelfläche umgeschlagen. Damit ist der rostrale Rand der Ohrmuschel zwischen zwei Klebeflächen fixiert (Abb. 2.3).
- Der über das Ohr hinausstehende Klebestreifen wird in seiner Längsrichtung hälftig gefaltet und mit sich selbst verklebt, so entsteht ein 2,5 cm breiter „Zügel“.

- Dies wird am kaudalen Rand der Ohrmuschel wiederholt, sodass zwei „Zügel“ entstehen (Abb. 2.4), mit denen das Ohr nach oben über den Kopf des Hundes gezogen werden kann.

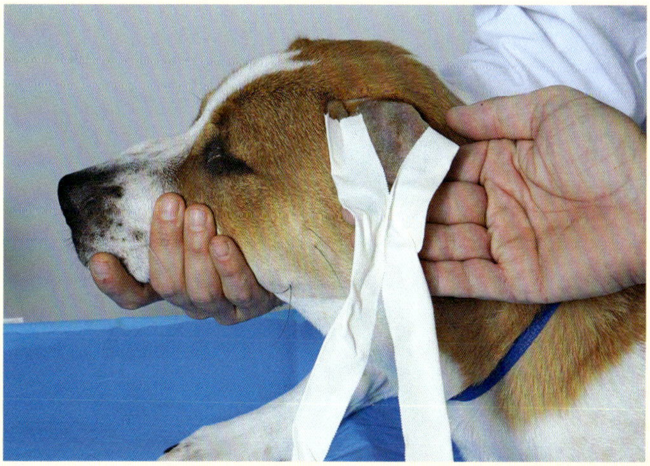

Abb. 2.4

- Ein Päckchen Verbandsmull oder ein dickes Polster aus Watte wird an der Ohrbasis am Kopf platziert (Abb. 2.5).

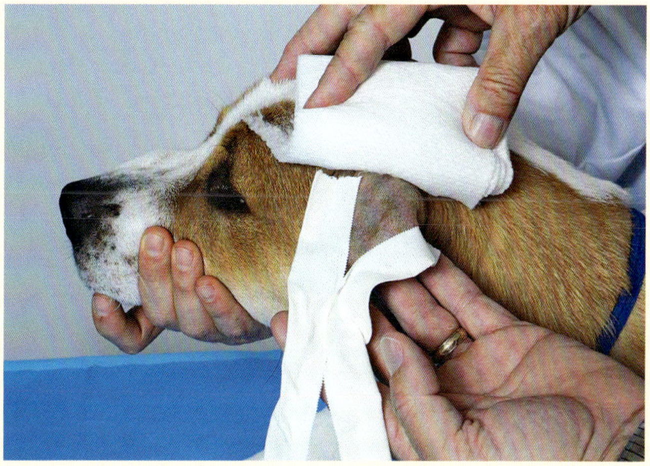

Abb. 2.5

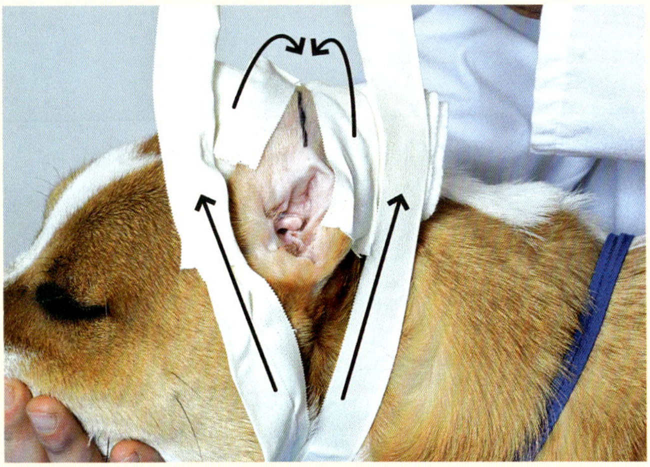

Abb. 2.6

- Die „Zügel“ werden genutzt, um die Ohrmuschel nach oben zu ziehen und über das Verbandsmullpäckchen/Wattepolster zu klappen. Die „Zügel“ werden nun um den Kopf gelegt (gebogene Pfeile) und vor und hinter dem zu verbindenden Ohr vorbeigeführt (gerade Pfeile). Dadurch bleibt die Öffnung des äußeren Gehörganges offen. Wenn eine Othämatombehandlung stattgefunden hat, befindet sich die Inzisionslinie zwischen den Klebeflächen der „Zügel“ auf der Ohrmuschel (dunkle Linie, Abb. 2.6).

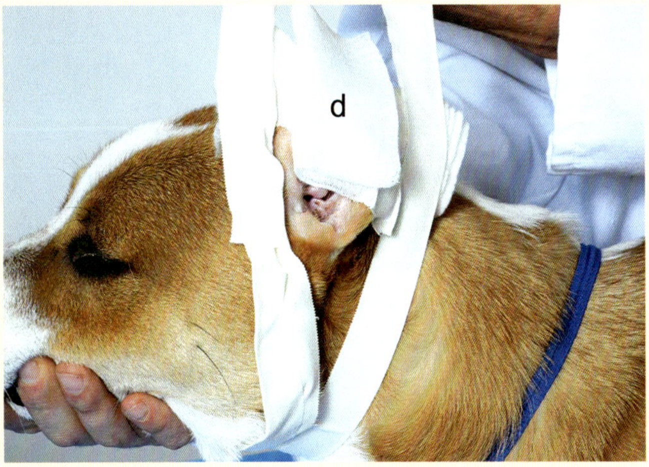

Abb. 2.7

- Eine angemessene Primärschicht wird über der Wundfläche angebracht (d, Abb. 2.7).

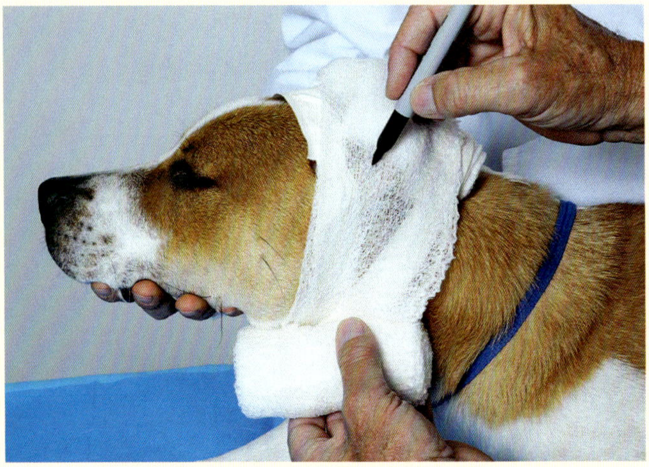

Abb. 2.8

- Mit einer Rolle sekundären Verbandsmaterials wird der Kopf des Hundes umwunden, jedes Mal beim Überwickeln der Öffnung des Gehörganges wird diese Stelle mit einem Markierungsstift gekennzeichnet (Abb. 2.8).

- Beim Umwickeln des Kopfes wird das Verbandsmaterial abwechselnd vor und hinter dem kontralateralen (nicht operierten) Ohr entlanggeführt. Zum Schluss ist der Gehörgang markiert und das gegenüberliegende Ohr liegt frei (hier hochgehalten, Abb. 2.9).

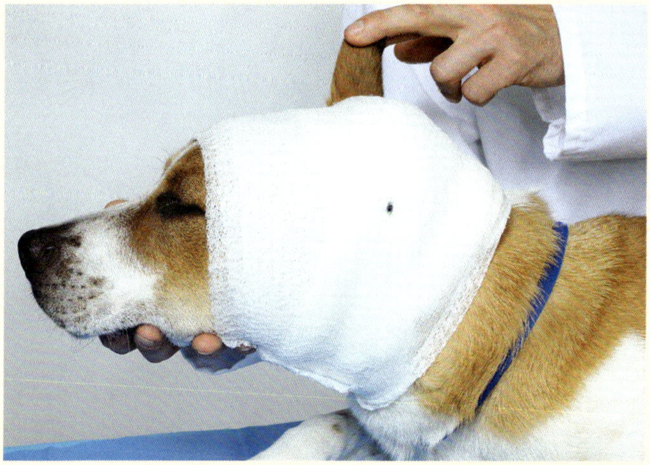

Abb. 2.9

- Vorbereitete Pflasterstreifen (5 cm breit) werden nun um den Kopf über das sekundäre Verbandsmaterial geklebt (Abb. 2.10).

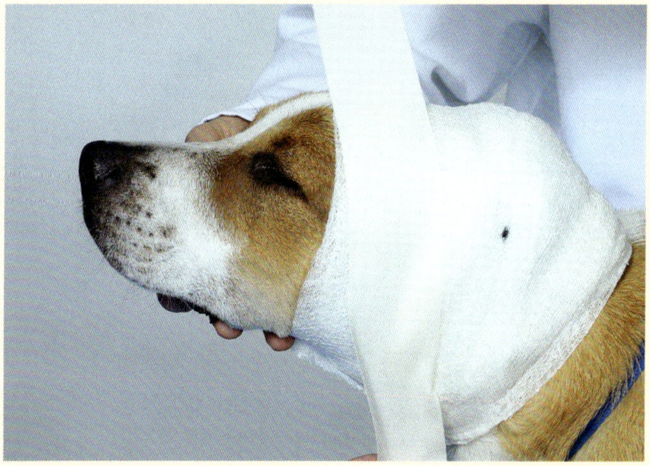

Abb. 2.10

- Die Öffnung des Gehörganges wird entsprechend markiert (Abb. 2.11).

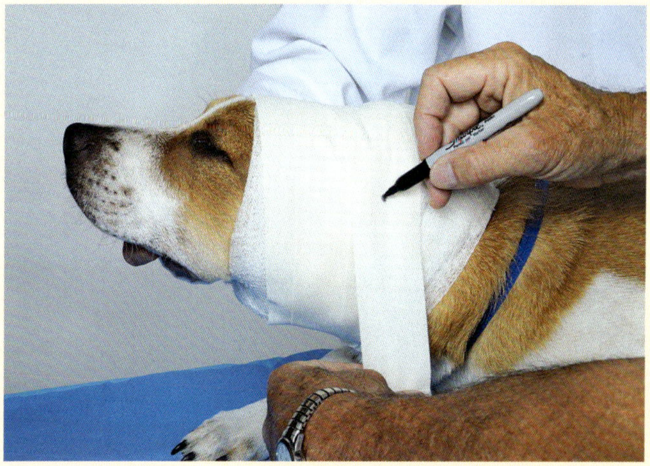

Abb. 2.11

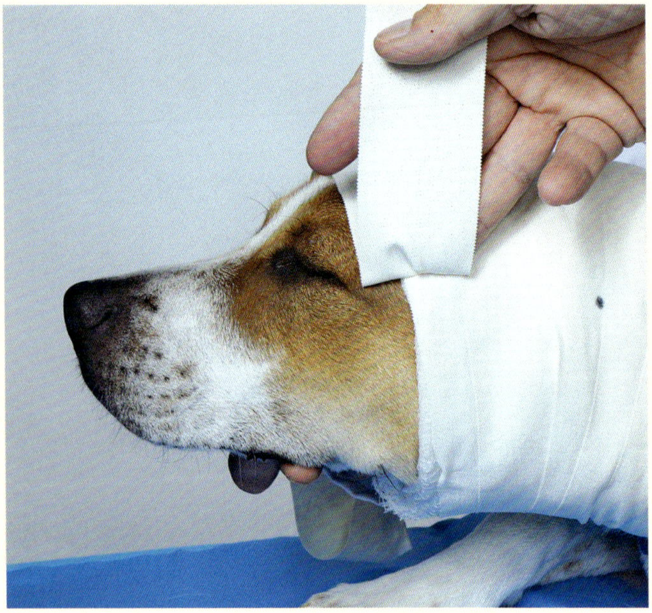

Abb. 2.12

- Wichtig ist der Pflasterstreifen am vorderen Rand des Verbandes. Er wird mit der Hälfte der Klebefläche auf Haut/Fell des Kopfes und mit der anderen Hälfte auf dem Verband befestigt (Abb. 2.12).
- Ähnlich kann am hinteren Rand des Verbandes verfahren werden, um ihn zu sichern und ein Verrutschen nach vorne zu verhindern, v. a. bei übergewichtigen Hunden mit breitem Nacken.

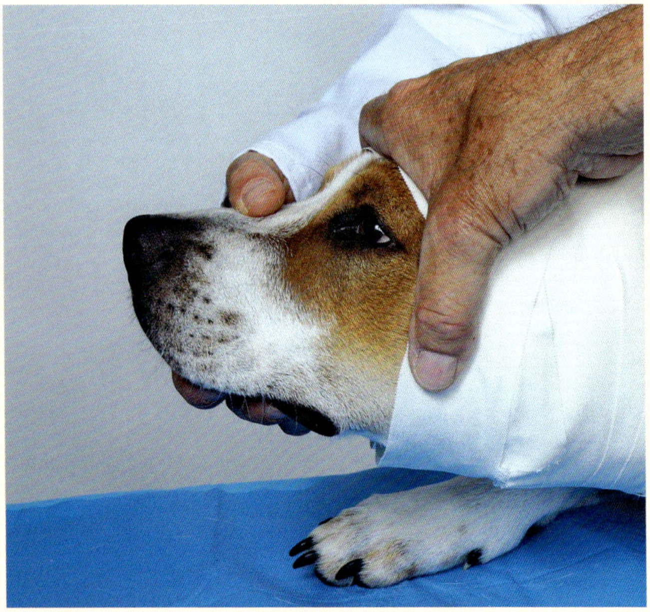

Abb. 2.13

- Nach dem Anbringen dieses letzten Pflasterstreifens wird das Pflaster für etwa eine Minute mit der Hand angedrückt. Die Körperwärme des Hundes und der Hand verbessern die Haftung des Klebematerials auf Fell und Haut (Abb. 2.13). Bei kleinen Hunden und Katzen ist der Abstand zwischen lateralem Augenwinkel und Ohrbasis kurz, daher kann für die rostrale Sicherung des Verbandes ggf. nur ein 2,5 cm breiter Pflasterstreifen genutzt werden.

- Um die punktförmige Markierung des Gehörganges wird nun ein Karree markiert und mit einer Rasierklinge oder einem Skalpell die Pflasterschicht durchtrennt, nicht aber die darunterliegende Verbandsschicht (Abb. 2.14).

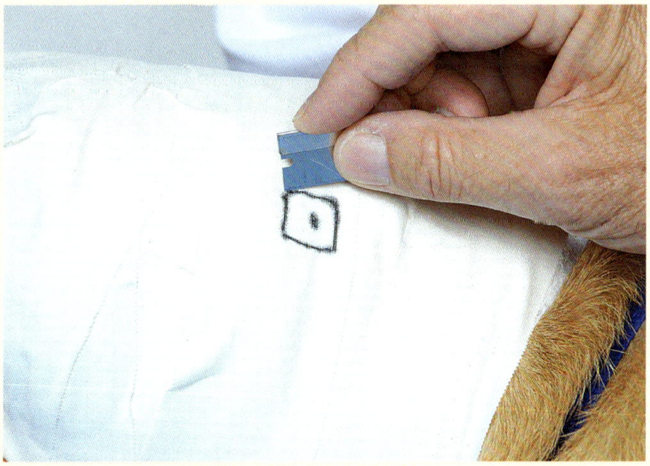

Abb. 2.14

- Eine Verbandsschere wird genutzt, um das Pflasterkarree und die darunterliegende sekundäre Verbandsschicht zu entfernen (Abb. 2.15). Dadurch wir die Öffnung des Gehörganges freigelegt (Abb. 2.16).

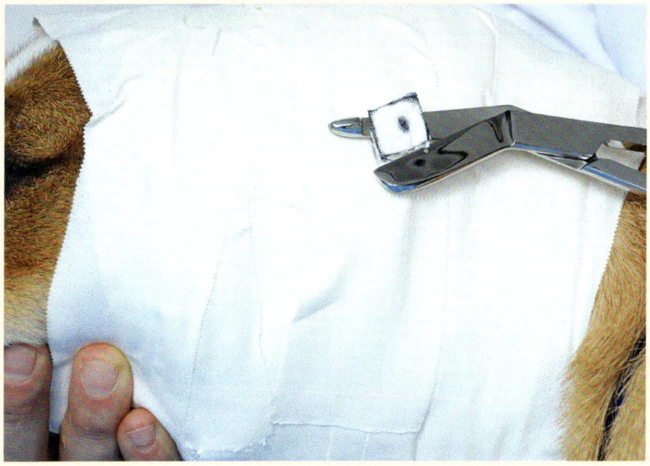

Abb. 2.15

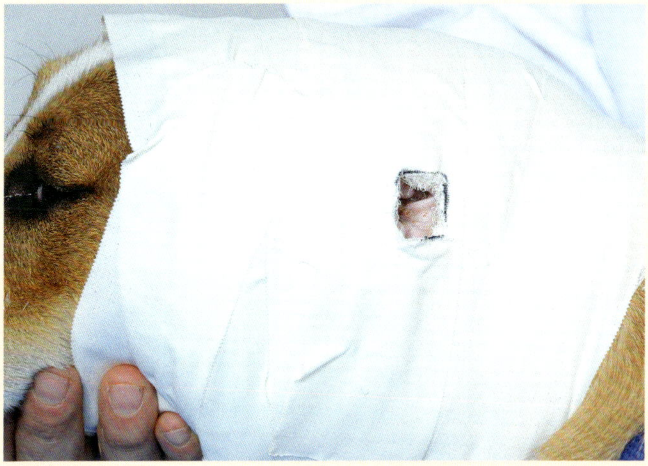

Abb. 2.16

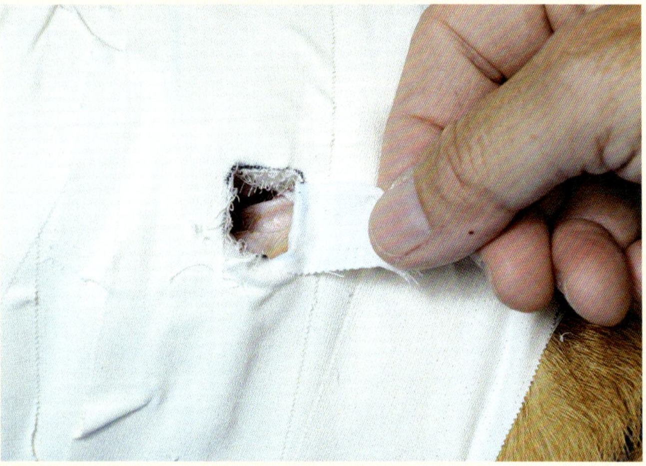

Abb. 2.17

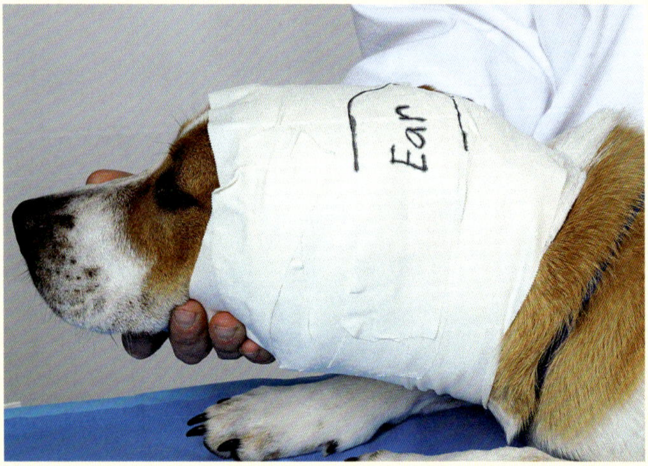

Abb. 2.18

- Jeder Rand des ausgeschnittenen Karrees wird mit einem Streifen Pflaster umklebt, um zu verhindern, dass Fasern des sekundären Verbandes in den Gehörgang gelangen (Abb. 2.17). Durch den Zugang zum Gehörgang ist es offensichtlich, dass das Ohr beim Verbinden über den Kopf geklappt wurde – ein wichtiger Hinweis für die Entfernung des Verbandes!

Es wird nun die Technik des Kopf- und Ohrenverbandes für einen Hund beschrieben, bei dem **keine Medikamentenapplikation in den Gehörgang** erforderlich ist. Beispiele sind der Verband mit nach oben geklapptem Ohr bei der Operation der Ablatio des äußeren Gehörganges und der Verband mit nach unten geklapptem Ohr bei der Versorgung einer Wunde auf dem Kopf des Tieres.

- Beim Verband mit nach oben geklapptem Ohr ist das Vorgehen identisch mit der oben beschriebenen Technik, außer dass das Markieren des Gehörganges und das Eröffnen des Zuganges zum Gehörgang entfallen.
- Beim Verband mit nach unten geklapptem Ohr sind keine „Zügel" notwendig. Ein Gazepolster kann zwischen Ohrinnenfläche und Kopf platziert werden. Eine adäquate primäre Wundauflage wird auf die zu versorgende Kopfwunde gebracht, die zweite und dritte Verbandsschicht werden wie oben beschrieben appliziert. Eine Markierung des Gehörganges entfällt natürlich.
- Nach der Fertigstellung des Verbandes wird die Lage des Ohres mit einem Markierungsstift gekennzeichnet – entweder nach oben über den Kopf oder seitlich nach unten – und mit „Ohr" beschriftet (Abb. 2.18). So wird bei einer Entfernung des Verbandes durch Dritte verhindert, dass das Ohr verletzt wird.

Nachsorge

Das Vorgehen bei der Behandlung und beim Verbandswechsel bei Othämatomen kann unterschiedlich sein, hier wird das vom Autor (S. F. Swaim) angewandte Verfahren beschrieben.

Der Verband wird für etwa sieben Tage belassen, wenn gleichzeitig eine Otitis externa behandelt werden muss, kann dies durch den Zugang zum Gehörgang erfolgen. Nach etwa einer Woche wird der Verband entfernt. Dabei wird das über den Kopf geklappte Ohr geschont, indem der Verband mit einer Verbandsschere an der Ventralseite aufgeschnitten wird (Abb. 2.19). Hierbei sollten die „Zügel" nicht durchtrennt werden (Abb. 2.20).

Der Verband und die Wundabdeckung werden entfernt, wenn erforderlich werden hierfür die „Zügel" gelockert. Das Verbandsmullpäckchen bzw. das Wattepolster und die Ohraußenfläche werden auf Feuchtigkeit untersucht. Die Polsterung wird erneuert und die „Zügel" werden wieder befestigt. Eine adäquate Wundauflage wird aufgebracht und der Verband aus sekundärem und tertiärem Verbandsmaterial wie bei der ersten Verbandsapplikation wieder hergestellt, wenn nötig inklusive der Schaffung eines Zugangs für die medikamentöse Behandlung.

Entfernung und Wechsel eines Kopf- und Ohrenverbandes bei anderen Indikationen entsprechen denen beim Othämatom.

Der Autor (S. F. Swaim) verwendet vorbereitete Streifen weißen Pflasters für diese Verbände. Es können aber auch elastische Binden für die dritte Verbandsschicht verwendet werden. Wird der Verband am anästhesierten und intubierten Tier angebracht, so besteht die Gefahr den Verband zu fest anzubringen, insbesondere die dritte Schicht. Unter dem Druck des Verbandes kollabiert dann beim Ziehen des Endotrachealtubus der obere Luftweg und es kommt zu respiratorischen Störungen. Daher sollte der Hund nach dem Extubieren beobachtet werden, um Verengungen der Atemwege auszuschließen, besonders, wenn elastisches Material für die dritte Verbandsschicht gewählt wurde.

Vorteile und Komplikationen

Kopf- und Ohrenverbände schützen Wunden im entsprechenden Bereich gut. Wenn der Verband an seiner Vorderkante nicht ordentlich befestigt ist, kann er jedoch verrutschen. Die erste Reaktion eines Hundes auf den Verband ist das Schütteln des Kopfes, um sich von diesem zu befreien. Wenn dies scheitert, wird er versuchen, ihn mit der Hinterpfote herunterzukratzen. Wenn auch dies erfolglos bleibt, wird er den Kopf auf den Boden legen und versuchen, den Verband nach hinten abzustreifen. Dies gelingt leicht, wenn die Vorderkante des Verbandes nicht ausreichend am Fell fixiert ist.

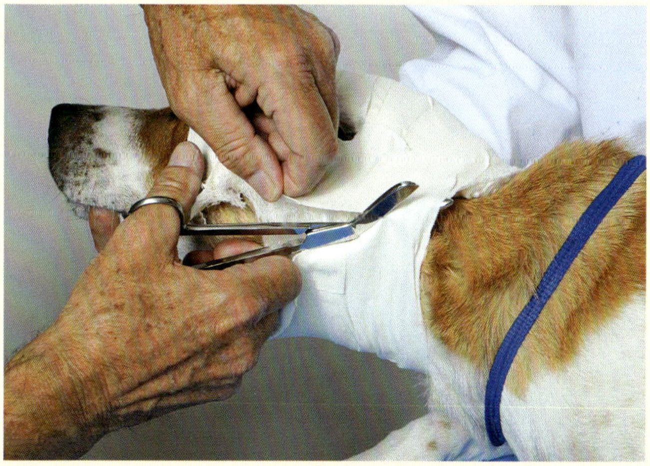

Abb. 2.19

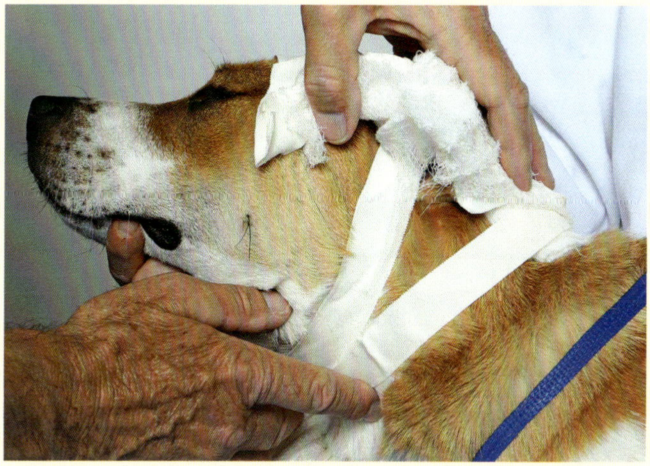

Abb. 2.20

3 Verbände an Thorax, Abdomen und Becken

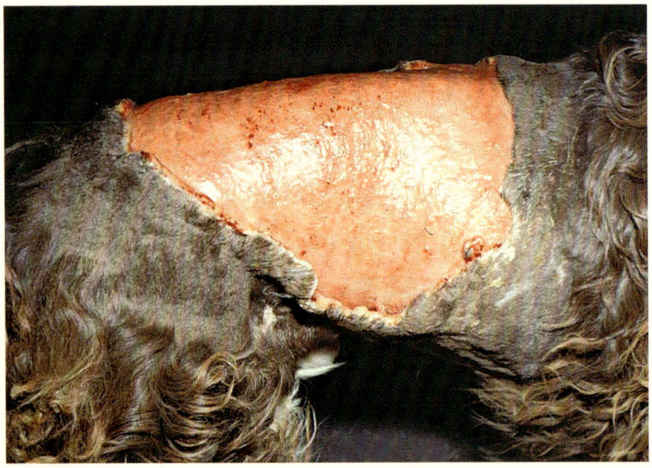

Abb. 3.1: Beispiel einer Wunde im thorakalen, abdominalen und dorsalen Bereich, bei der ein geschlossener Verband indiziert ist.

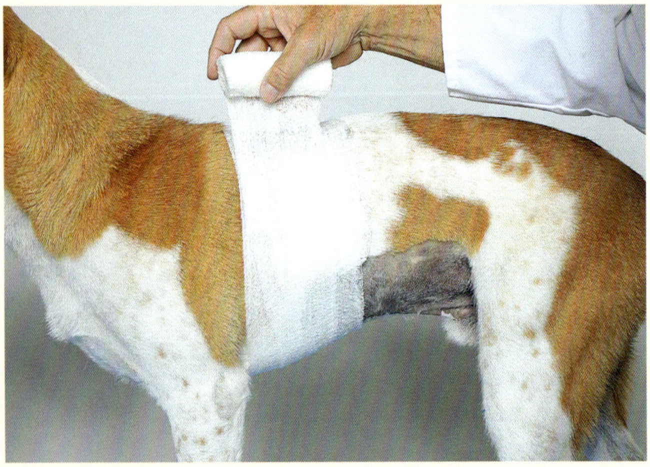

Abb. 3.2

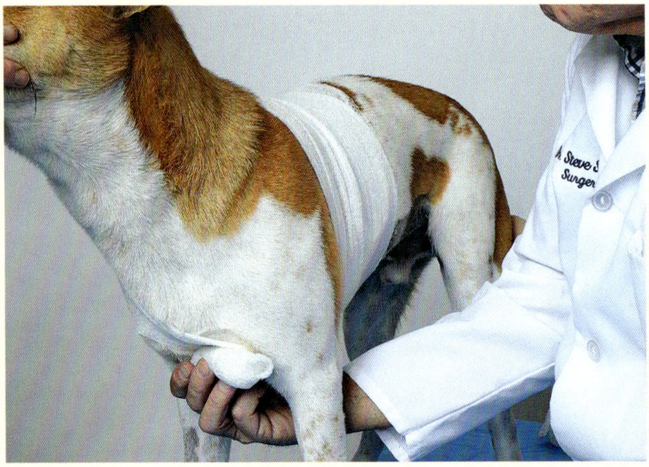

Abb. 3.3

3.1 Verbände an Thorax und Abdomen

3.1.1 Geschlossene thorakoabdominale Verbände

Indikationen

Thorakoabdominale Verbände dienen der Wundabdeckung an Thorax und Abdomen bzw. der spinalen Bereiche in diesem Gebiet (Abb. 3.1).
Es kann sich um vernähte oder offene Wunden handeln. Bei Wundnähten bietet der Verband Schutz vor Kontaminationen und vor Schädigung durch das Tier. Bei offenen Wunden schützt der Verband nicht nur, hier kann die primäre Verbandsschicht auch stimulierenden Effekt auf die Wundheilung haben. Diese Verbände helfen besonders bei großflächigen Wunden im thorakalen und abdominalen Bereich, z. B. bei Brandwunden.

Technik

- Bei entsprechender Indikation (z. B. thorakale/abdominale Wunde) wird eine adäquate Wundauflage appliziert.
- Mit einer absorbierenden sekundären Verbandsschicht wird direkt hinter den Vordergliedmaßen mit dem Umwickeln des Thorax begonnen (Abb. 3.2).
- Nach den ersten Touren um den Thorax wird das Verbandsmaterial zwischen den Vorderbeinen hindurch ergriffen (Abb. 3.3).

- Der Verband wird über die Pektoralregion hinter die kontralaterale Gliedmaße und über die gegenüberliegende Schulter geführt, dies wird mindestens zwei Mal wiederholt, sodass eine Art „Träger“ entsteht (Abb. 3.4).

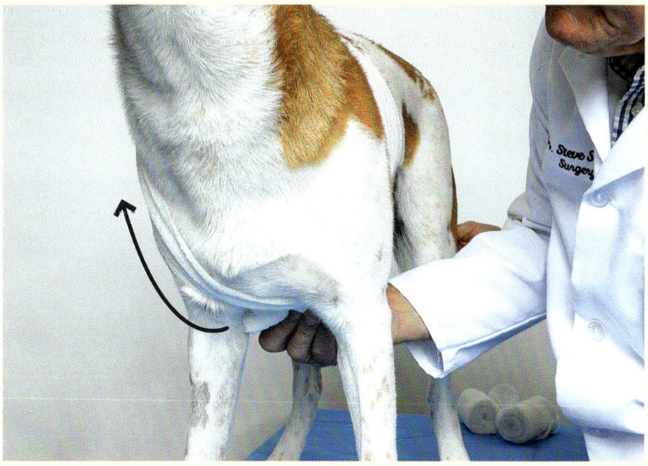

Abb. 3.4

- Dies wird auf der anderen Seite wiederholt, sodass zwei Träger (A und B) aus Verbandsmaterial kreuzweise über die Pektoralregion laufen und ein Verrutschen des Verbandes nach kaudal verhindern (Abb. 3.5).

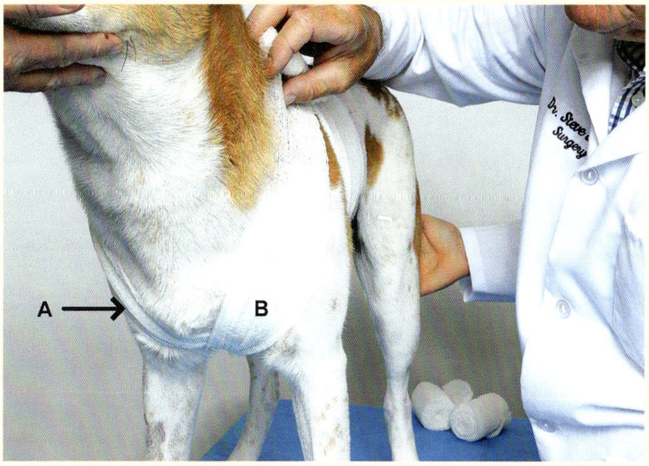

Abb. 3.5

- Nach dem Anlegen der beiden Träger wird der Verband wieder über den Thorax bis zum Abdomen gewickelt. Jede Toure überlappt dabei mit der vorhergehenden um ein Drittel bis zur Hälfte. Der Verband wird bis vor die Hinterbeine gewickelt, bei männlichen Tieren bis vor das Präputium (Abb. 3.6). Es werden zwei bis drei Lagen sekundären Verbandsmaterials gewickelt, um Thorax und Abdomen zu bedecken.

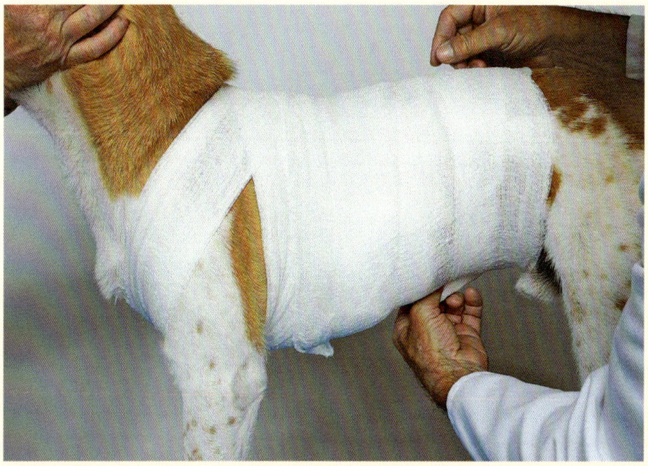

Abb. 3.6

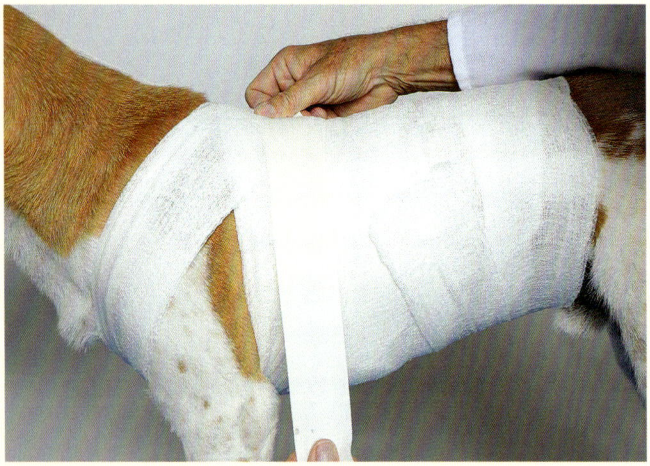

Abb. 3.7

- Direkt hinter den Vordergliedmaßen beginnend werden vorgefertigte Pflasterstreifen (5 cm breit) rund um den Rumpf auf das sekundäre Verbandsmaterial geklebt (Abb. 3.7). Jeder Pflasterstreifen überlappt mit dem vorangehenden zu einem Drittel bis zur Hälfte. Alternativ kann eine elastische Binde für diese Schicht verwendet werden.

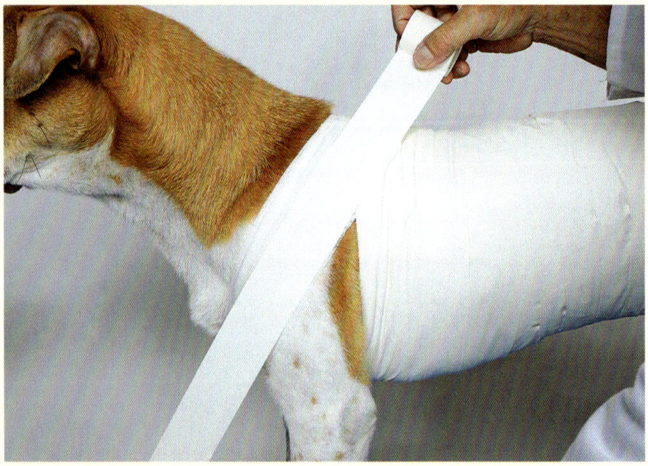

Abb. 3.8

- Vorgefertigte Pflasterstreifen (5 cm breit) werden auf den beiden Trägern quer über Pektoral- und untere Halsregion geklebt. Die Pflaster sollten lang genug sein, um mit beiden Enden mit dem Rumpfverband verklebt werden zu können (Abb. 3.8). Wenn für die dritte Verbandsschicht eine elastische Binde verwendet wurde, wird diese auch für die Träger verwendet. Der fertige Verband (Abb. 3.9) bietet thorakalen und abdominalen Wunden Schutz oder stellt eine Schicht dar, auf der seitlich Stütz- oder Immobilisationsschienen angebracht werden können (s. Kap. 3.2.4 und Kap. 5.5).
- Um Verbandsmaterial zu sparen, kann der Verband über der Wunde fenestriert werden (s. Kap. 3.2.2). Die Wunde wird dann mit geeignetem Verbandsmaterial abgedeckt, das mit Pflaster an dem Rumpfverband befestigt wird. So muss zum Verbandswechsel nur der eigentliche Wundverband gewechselt werden, während der thorakoabdominale Verband belassen wird, bis er feucht oder schmutzig ist.

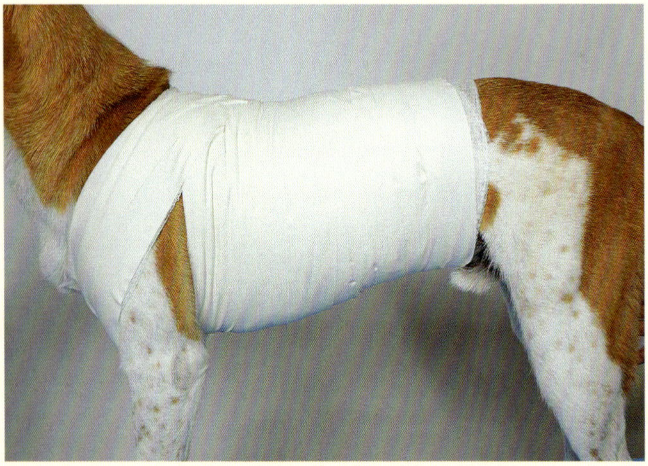

Abb. 3.9

Nachsorge

Wenn ein täglicher Verbandswechsel angezeigt ist, werden die Verbandsträger mit einer Verbandsschere durchtrennt und der Rumpfverband über die gesamte Länge aufgeschnitten und der Verband entfernt. Die Wunde wird behandelt und der Verband erneuert. Wird ein fenestrierter Rumpfverband verwendet, wird die Wunde durch das Fenster behandelt und nur der eigentliche Wundverband erneuert.

Der kraniale Ellbogenbereich sollte beobachtet werden, um mögliche Schäden durch die Träger in diesem Bereich festzustellen. Erforderlichenfalls kann ein Stück Gaze unter beiden Trägern hindurchgeschoben und festgezogen werden. Hierdurch werden die Träger vor der Brust zusammen- und von der Kranialfläche der Vordergliedmaße fortgezogen.

Bei männlichen Hunden sollte auch die Präputialregion auf Irritationen durch den Kaudalrand des Verbandes untersucht werden.

Vorteile und Komplikationen

Der Verband stellt einen guten Schutz für thorakale und abdominale Wunden dar oder eine Schicht, auf der seitlich Stütz- und Immobilisationsschienen angebracht werden können. Die Verbandsträger sichern den Verband vor einem kaudalen Verrutschen. Bei der fenestrierten Variante wird Verbandsmaterial gespart und nur der eigentliche Wundverband gewechselt.

Komplikationen können Hautirritationen durch die Verbandsträger an den Vordergliedmaßen und bei männlichen Tieren durch den Kaudalrand des Verbandes im Präputialbereich sein.

Bei einem fenestrierten Verband kann der Rumpfverband um das Fenster herum bei einer Wundlavage feucht werden und bakterielles Wachstum ermöglichen. Entsprechend vorsichtig muss bei der Wundreinigung vorgegangen werden.

3.1.2 Fenestrierte thorakoabdominale Verbände

Indikationen

Siehe Kapitel 3.1.1. Diese Verbände sind für kleinere Wunden im thorakoabdominalen Bereich geeignet.

Technik, Nachsorge, Vorteile und Komplikationen

Siehe Kapitel 3.2.2.

3.1.3 Thorakale/abdominale Überknüpfverbände

Indikationen

Der vernähte Überknüpfverband (*tie-over bandage*) kann zur Abdeckung von offenen, vernähten oder Transplantationswunden im thorakoabdominalen Bereich eingesetzt werden, ebenso an den Gliedmaßen.

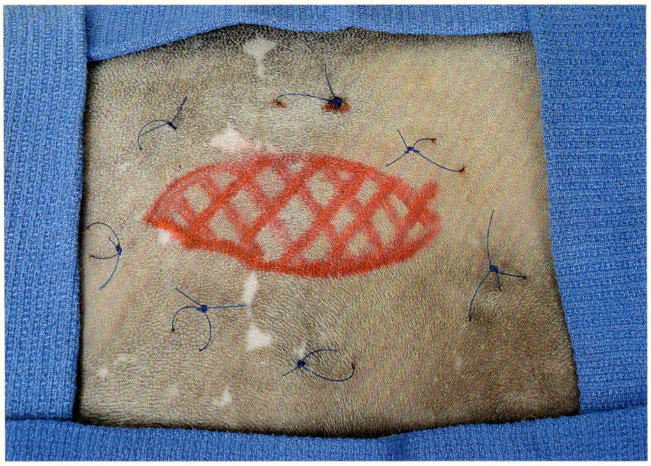

Abb. 3.10

Technik

Die thorakale oder abdominale Wunde wird in Abb. 3.10 durch die farblich markierte Fläche dargestellt.

- Lockere Schlaufen monofilen Nahtmaterials (2-0, Nylon oder Polypropylen) werden um die Wunde herum im gesunden Bereich in der Haut platziert (Abb. 3.10).

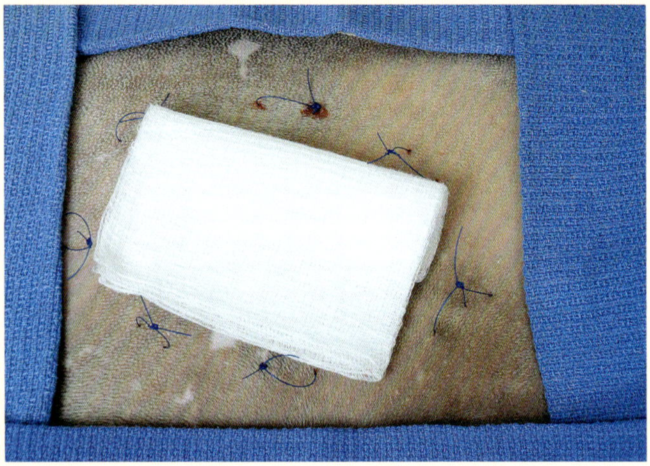

Abb. 3.11

- Eine adäquate Wundauflage wird appliziert (Abb. 3.11).

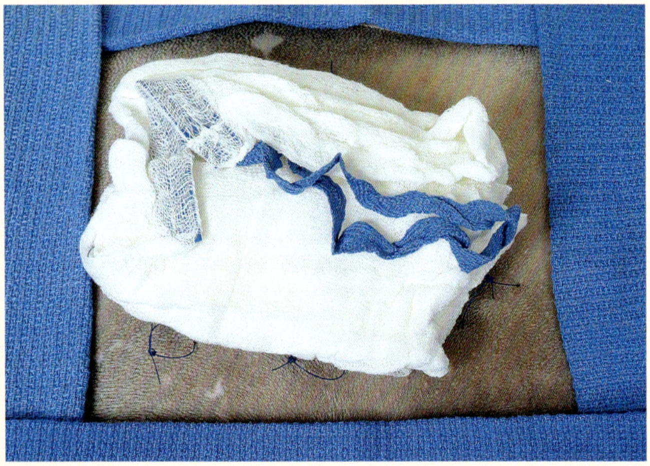

Abb. 3.12

- Eine absorbierende zweite Verbandsschicht, z. B. Abdominalauflagen, wird über die Wundauflage gelegt (Abb. 3.12).

- Nabelschnurband oder ein Stück elastische Binde wird kreuzweise durch die Nahtmaterial-Schlaufen geführt, um die Verbandsschichten zu fixieren (Abb. 3.13).

Abb. 3.13

- Streifen aus 5 cm breitem Pflaster werden überlappend über die Verbandsschichten und die angrenzende Haut geklebt und ergeben die dritte Verbandsschicht (Abb. 3.14). Andere impermeable Materialien können alternativ verwendet werden.

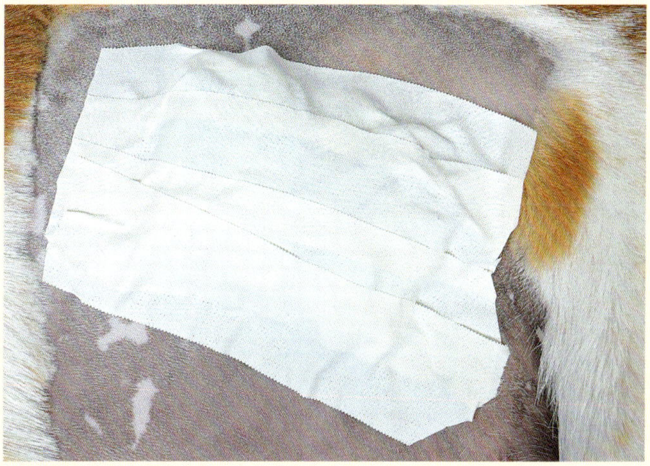

Abb. 3.14

Nachsorge

Die Häufigkeit des Verbandswechsels wird durch die Art und Menge des Exsudats aus der Wunde vorgegeben.

Die Pflasterstreifen bzw. das undurchlässige Material werden entfernt, das Nabelschnurband oder die elastische Binde werden durchschnitten und entfernt. Die Schlaufen aus Nahtmaterial in der Haut werden nicht durchtrennt. Die sekundäre und primäre Verbandsschicht werden entfernt, die Wunde wird angemessen behandelt.

Neues primäres und sekundäres Verbandsmaterial werden appliziert. Nabelschnurband oder ein Stück elastische Binde werden durch die Nahtmaterial-Schlaufen geführt, gestrafft und verknotet. Die dritte Verbandsschicht aus Pflasterstreifen oder undurchlässigem Material wird angebracht.

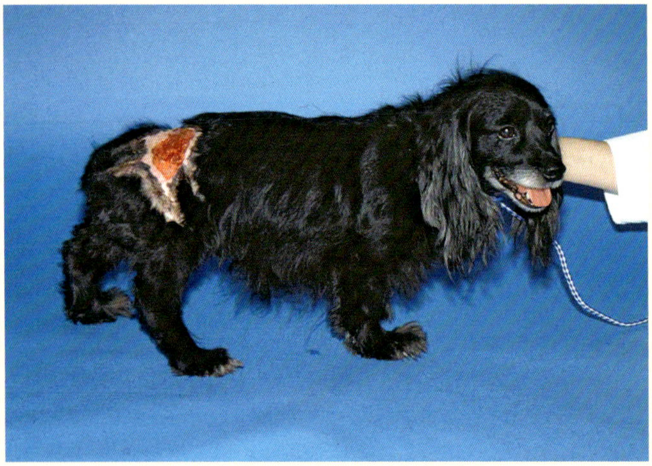

Abb. 3.15: Beispiel einer Wunde in der kaudolumbalen und sakralen Region, bei der ein geschlossener Beckenverband indiziert ist.

Vorteile und Komplikationen

Der Überknüpfverband ist ein sehr ökonomischer Verband. Es sind nicht so große Mengen Verbandsmaterial wie für den vorher beschriebenen thorakoabdominalen Wickelverband nötig.

Bei der Behandlung einer offenen Wunde kann die zentripetale Zugkraft der Haltebänder (Nabelschnurband, elastische Binde) als Hilfe bei der Wundkontraktion betrachtet werden.

Eine mögliche Komplikation ist bei zu starker Straffung der Haltebänder ein Einschneiden der Nahtmaterial-Schlaufen in die Haut. Eine Kontamination der zweiten Verbandsschicht ist möglich, die Wahrscheinlichkeit wird jedoch durch eine adäquate dritte Verbandsschicht reduziert.

3.2 Beckenverbände

3.2.1 Geschlossener Beckenverband

Indikationen

Der geschlossene Beckenverband wird zur Abdeckung von Wunden im Bereich des Beckens und der kaudolumbalen bzw. sakralen Wirbelsäule verwendet (Abb. 3.15). Es kann sich um offene oder vernähte Wunden handeln. Der Verband schützt vor Kontaminationen und vor Beschäftigung des Tieres mit der Wunde. Bei offenen Wunden kann die Wundauflage auch stimulierenden Effekt auf die Wundheilung haben. Der geschlossene Beckenverband ist v. a. bei großen Wunden vorteilhaft, z. B. bei Brandwunden.

Technik

- Eine adäquate Wundauflage wird appliziert.
- Mit einer absorbierenden zweiten Verbandsschicht wird das Abdomen in mehreren Lagen umwickelt (Abb. 3.16). Bei männlichen Tieren wird das Präputium initial mit eingewickelt.

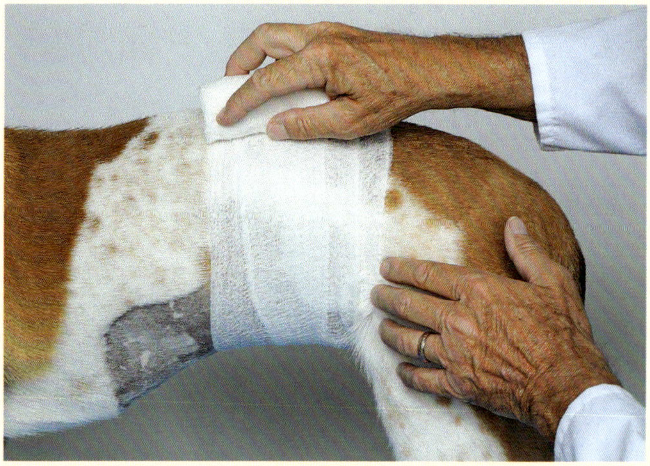

Abb. 3.16

- Zwei bis drei Wickeltouren werden um den proximalen Abschnitt einer Beckengliedmaße geführt (Abb. 3.17).

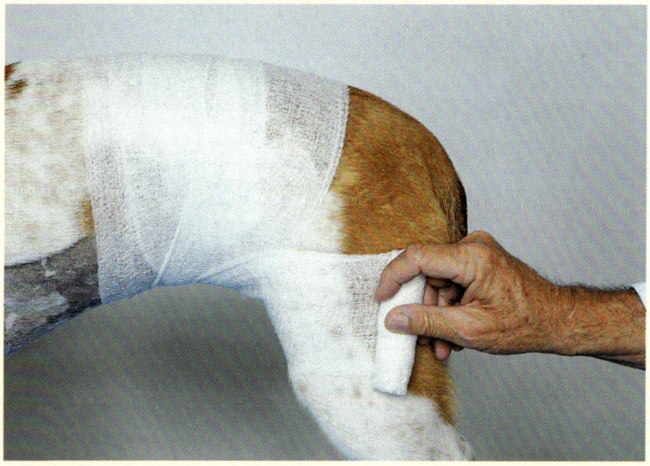

Abb. 3.17

- Ein bis zwei Wickeltouren werden wieder um das kaudale Abdomen geführt.
- Jetzt werden um die zweite Hintergliedmaße ebenfalls zwei bis drei Touren gewickelt. Bei nicht kastrierten männlichen Hunden sollte das Skrotum beim Wickeln freigelassen werden. Das Ergebnis ist ein Verband, der Bereiche des Abdomens, Beckens und der kaudalen Wirbelsäule bedeckt, aber Schwanz, Anus und Vulva bzw. Skrotum freilässt (Abb. 3.18).

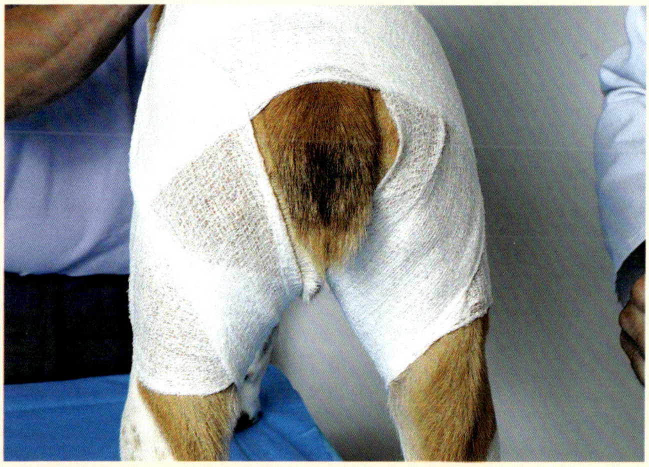

Abb. 3.18

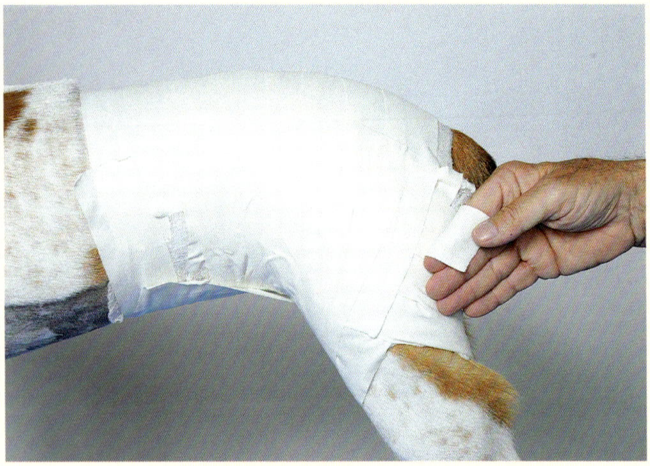

Abb. 3.19

- Vorgefertigte Pflasterstreifen (5 cm breit) werden um die abdominalen Bereiche und um die verbundenen Bereiche der Hinterbeine als dritte Verbandsschicht geklebt (Abb. 3.19). Alternativ kann eine elastische Binde verwendet werden.

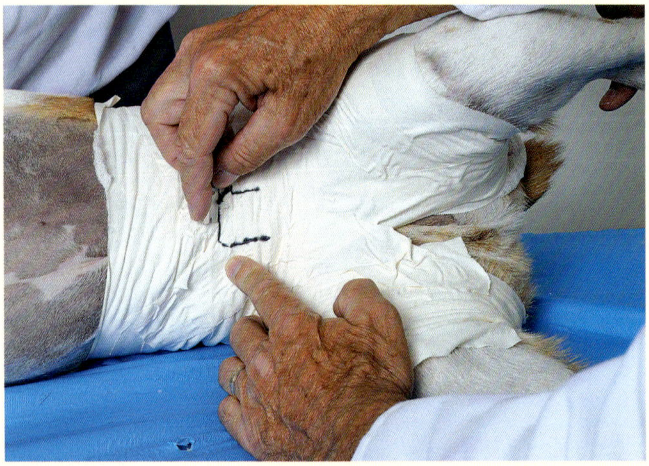

Abb. 3.20

- Bei männlichen Hunden wird die Gegend über der Präputialöffnung markiert und mit einer Rasierklinge oder einem Skalpell die dritte Verbandsschicht durchtrennt (Abb. 3.20).

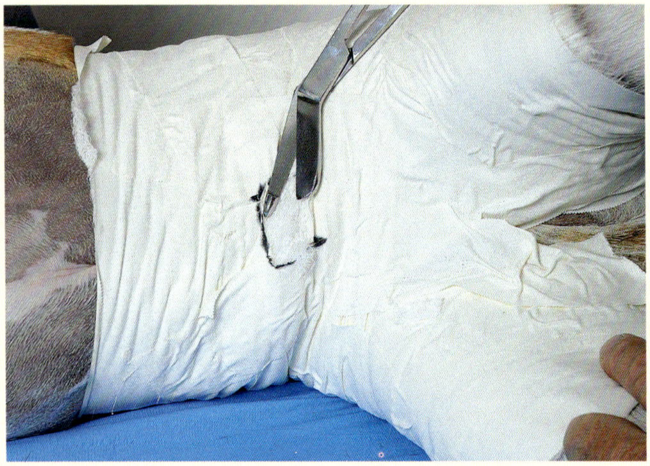

Abb. 3.21

- Mit einer Verbandsschere wird vorsichtig das sekundäre Verbandsmaterial über der Präputialöffnung entfernt (Abb. 3.21).

- Die Spitze des Präputiums wird durch die Öffnung vorgelagert. Wenn erforderlich, kann das Fenster im Verband weiter kranial erweitert werden, um Druck auf die kraniale Basis des Präputiums zu vermeiden (die mit dem Finger gezeigte Stelle in Abb. 3.22).

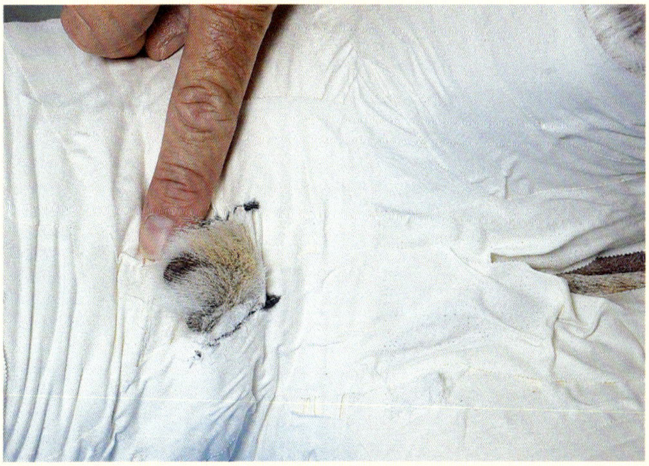

Abb. 3.22

- Das Ergebnis ist ein umlaufender geschlossener Beckenverband, der Harn- und Kotabsatz zulässt (Abb. 3.23).

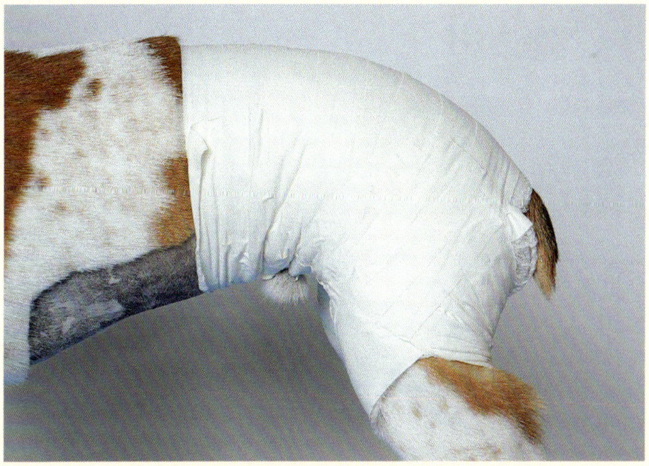

Abb. 3.23

Nachsorge

Für einen Verbandswechsel wird der Verband dorsal mit einer Verbandsschere ausgeschnitten und entfernt. Nach der Wundbehandlung wird ein neuer Verband appliziert.

Vorteile und Komplikationen

Bei großen Wunden in der Becken- bzw. kaudalen Wirbelsäulenregion, z. B. Brandwunden, ist durch den Verband eine gute Kontaktfläche zur medikamentellen Versorgung der betroffenen irregulären Oberflächen gegeben.

Bei männlichen Tieren kann sich an der kranialen Basis des Präputiums eine Druckläsion entwickeln, wenn die Öffnung im Verband für das Präputium zu klein ausfällt.

3.2.2 Fenestrierter Beckenverband

Indikationen

Siehe Kapitel 3.2.1. Dieser Verband eignet sich für kleinere Wunden im entsprechenden Bereich.

Technik

- Ein geschlossener Beckenverband (s. o.) wird appliziert.
- Der Bereich über der Wunde wird markiert (Abb. 3.24).

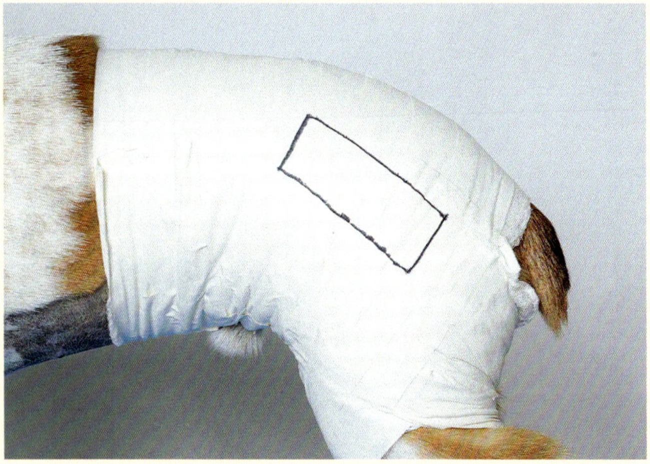

Abb. 3.24

- Mit einer Rasierklinge oder einem Skalpell wird die dritte Verbandsschicht im markierten Bereich aufgetrennt (Abb. 3.25).

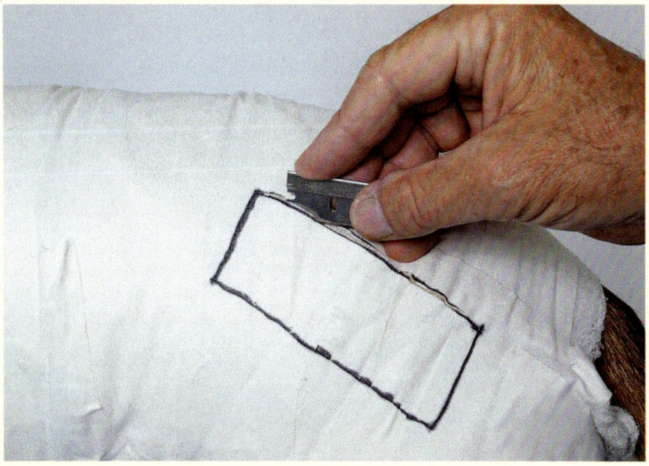

Abb. 3.25

- Das sekundäre und primäre Verbandsmaterial wird mit einer Verbandsschere im markierten Bereich entfernt (Abb. 3.26).

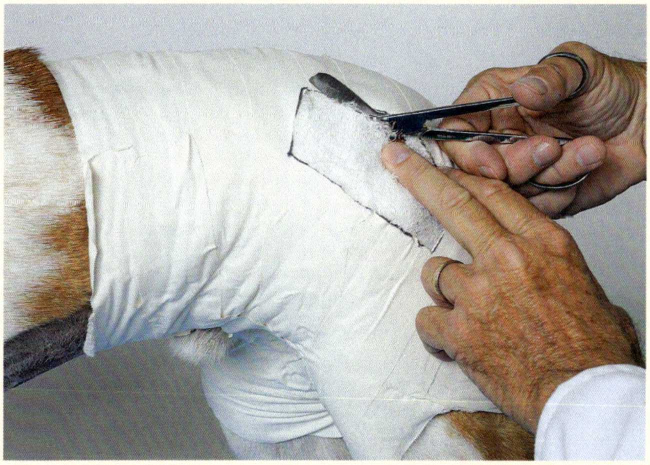

Abb. 3.26

- Die Wunde ist freigelegt (Abb. 3.27). Bei dem Demonstrationshund liegt keine Wunde vor.

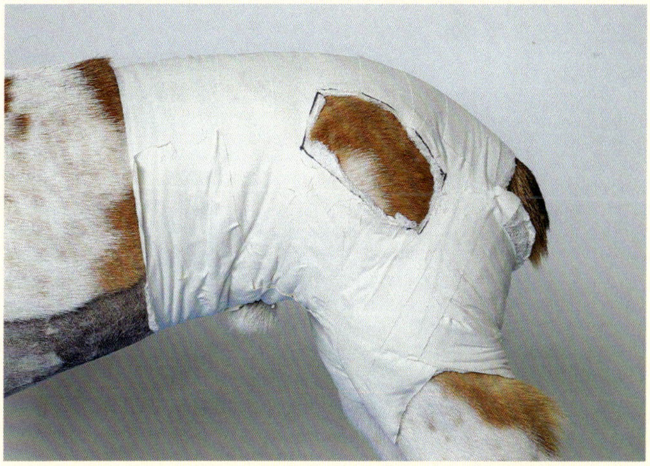

Abb. 3.27

- Primäres und sekundäres Verbandsmaterial werden auf der Wunde platziert (Abb. 3.28).

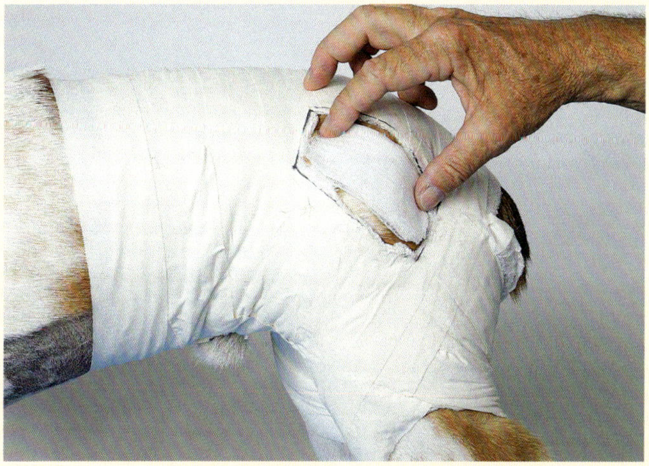

Abb. 3.28

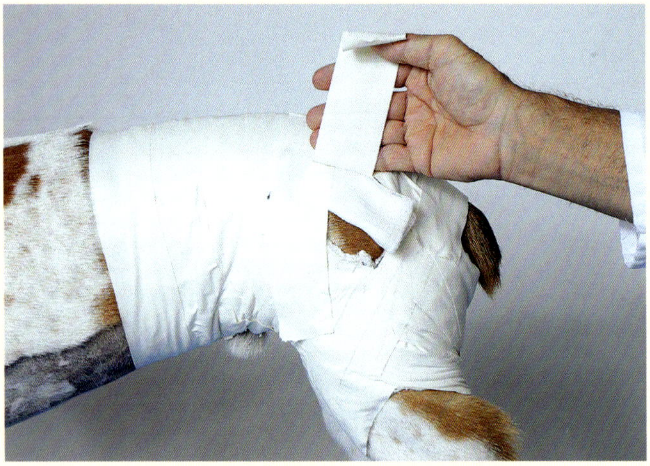

Abb. 3.29

- Vorgefertigte, 5 cm breite Pflasterstreifen werden als dritte Verbandsschicht über den ersten beiden Verbandsschichten platziert und fixieren diese (Abb. 3.29). Die Pflasterstreifen werden auf der äußeren Schicht des umlaufenden Beckenverbandes verklebt.

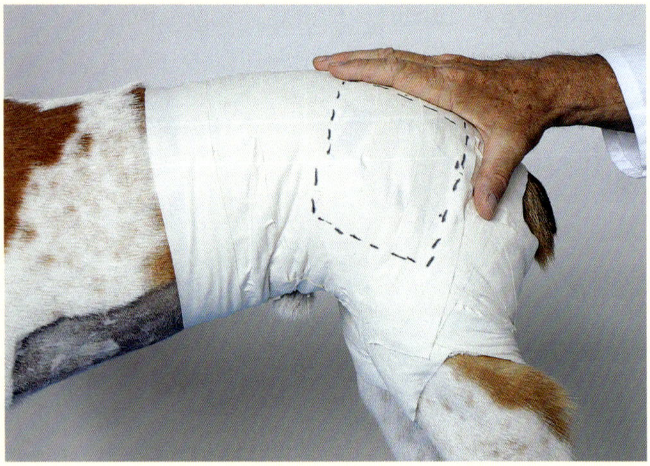

Abb. 3.30

- Ein fenestrierter Beckenverband ist das Resultat (Abb. 3.30). Die gestrichelte Linie zeigt die Pflasterüberdeckung des Fensters an.

Nachsorge

Zum Verbandswechsel wird die Pflasterabdeckung des Fensters mit anhaftendem sekundären und primären Verbandsmaterial entfernt. Nach einer adäquaten Wundversorgung wird neues primäres und sekundäres Verbandsmaterial aufgebracht und mit vorgefertigten Pflasterstreifen fixiert und das Fenster abgedeckt.

Vorteile und Komplikationen

Der fenestrierte Beckenverband ist ein ökonomischer Verband, bei dem nicht zu jedem Verbandswechsel das gesamte Material erneuert werden muss, nur das Verbandsmaterial im Bereich des Fensters wird gewechselt.

Der Verband kann bei einer Wundlavage um das Fenster herum feucht werden und bakterielles Wachstum begünstigen, darauf muss bei der Reinigung der Wunde geachtet werden.

3.2.3 Überknüpfverbände im Beckenbereich

Indikationen, Technik, Nachsorge, Vorteile und Komplikationen

Siehe Kapitel 3.1.3.

3.2.4 Beckenentlastungsstützen

Indikationen

Hunde mit einem spinalen Trauma können eine Schiff-Sherrington-Haltung einnehmen. Dabei sitzen sie mit gestreckten Vordergliedmaßen, die die Vorderlast des Tieres tragen, während die Hinterbeine unter dem Tier gerade nach vorne gestreckt sind (Abb. 3.31). Damit lastet das Hauptgewicht auf den Sitzbeinhöckern. Seitliche Stützen, die kaudal über die Beckengegend hinausragen, nehmen den Druck an ihren Endpunkten auf und verhindern so die Belastung und den Dekubitus der Haut im Bereich der Sitzbeinhöcker. Die Stützen wurden für kleine Hunde entwickelt und wirken bei ihnen am besten (Abb. 3.32).

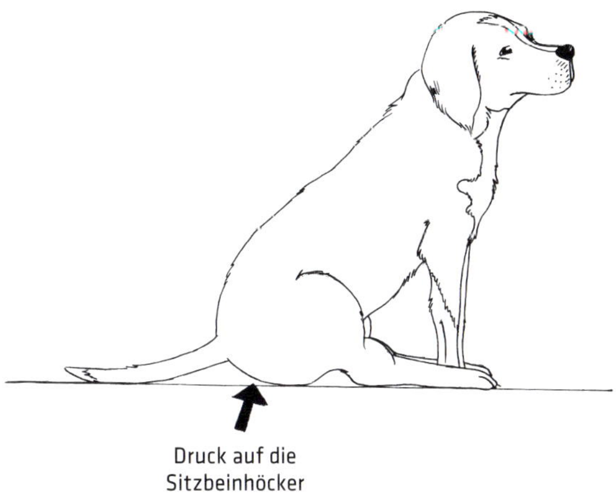

Abb. 3.31

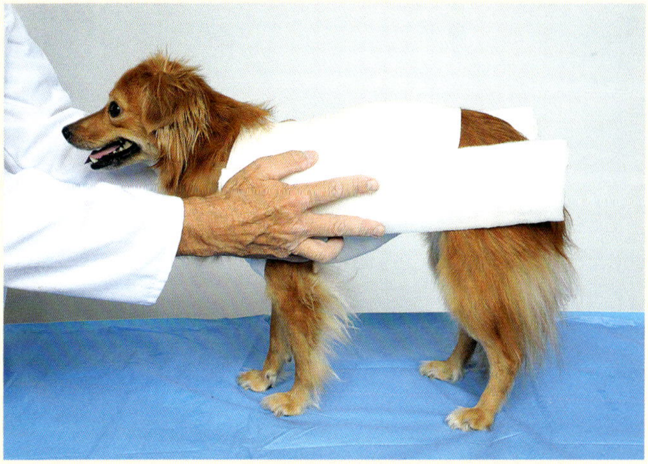

Abb. 3.32

Abb. 3.33

Seitliche Entlastungsstützen können auch nach einer Schwanzamputation indiziert sein, wenn der Schwanzstummel für eine Verbandsapplikation zu kurz ist. Dann schützen sie den Schwanzstummel beim Sitzen vor Druckbelastung.

Technik

- Ein geschlossener thorakoabdominaler Verband wird appliziert (s. Kap. 3.1.1).
- Ein steifes Stützmaterial mit etwa 8 cm Breite wird benötigt (Abb. 3.33).

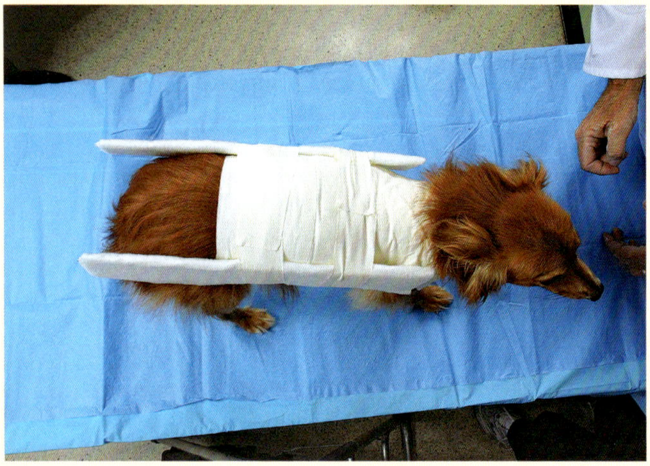
Abb. 3.34

- Die Stützen werden seitlich am geschlossenen thorakoabdominalen Verband mit Pflaster so befestigt, dass sie kaudal um etwa 5–8 cm überstehen (Abb. 3.34). Wenn das Tier die Schiff-Sherrington-Haltung einnimmt, nehmen die Enden der Stützen den Druck (schwarzer Pfeil) anstelle der Sitzbeinhöcker (weißer Pfeil) auf (Abb. 3.35).

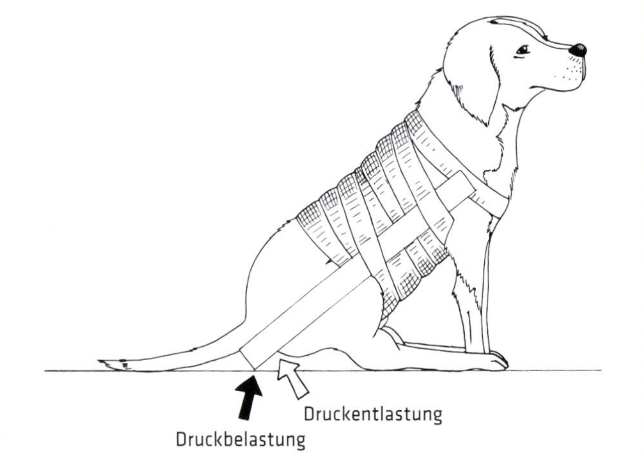

Abb. 3.35

Nachsorge

Die Haut über den Sitzbeinhöckern wird beobachtet und ggf. behandelt. Verband und Stützen werden so gerichtet und befestigt, dass sie ihrer Funktion genügen.

Vorteile und Komplikationen

Die Stützen sind eine effektive Methode, um Druck von der Haut über den Sitzbeinhöckern fernzuhalten, dies ist bedeutsam für die Behandlung und Prävention von Dekubituserscheinungen. Sie können auch Schäden an kurzen Schwanzstummeln nach Schwanzamputationen verhindern.

Verband und Stützen können sich lockern und müssen ggf. gerichtet und neu fixiert werden. Die Stützen sind bei großen Hunden nicht so effektiv.

4 Verbände, Gipse und Schienen an den Extremitäten

4.1 Schwanzverbände

Indikationen

Schwanzverbände sind nach Verletzungen des Schwanzes indiziert, bei denen eine offene oder vernähte Wunde oder gelegentlich eine Transplantationswunde vorliegt. Der Verband schützt die Wunde und/oder verhindert Druck auf den Schwanzstummel.

Üblicherweise kommen Schwanzverletzungen bei langschwänzigen kurzhaarigen Hunden vor, die im Zwinger gehalten werden. Wenn der Hund mit dem Schwanz wedelt, schlägt er gegen das Gitter. Die Folge sind offene Wunden an der Schwanzspitze. Ein gut sitzender Verband ist indiziert, um die Schwanzspitze in der Heilungsphase zu schützen.

Nach einer Schwanzamputation ist nach Möglichkeit ein Verband zu applizieren. Wird die Spitze des Schwanzstummels beim sitzenden Tier beeinträchtigt, so kann eine Versteifung der Schwanzspitze für die Dauer der Wundheilung nötig sein. Wurde der Schwanz so kurz amputiert, dass ein Verband oder eine entsprechende Versteifung nicht möglich ist, so können seitliche Entlastungsstützen indiziert sein, um den Schwanzstummel vor Sitz-/Druckschäden zu schützen (s. Kap. 3.2.4).

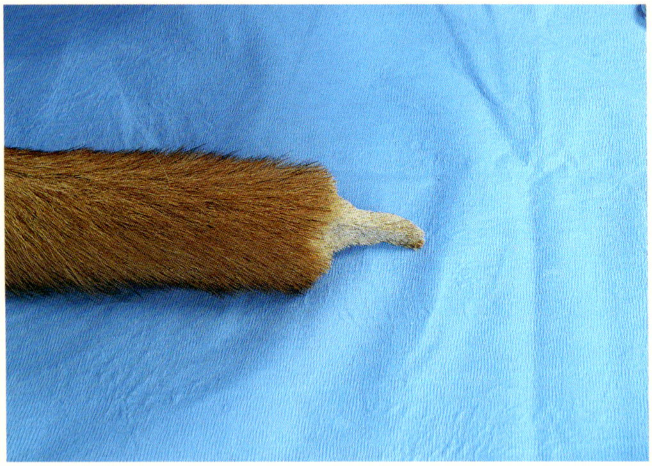

Abb. 4.1

Technik

- Die Region vor der Wunde wird geschoren und eine aseptische Behandlung wird vorbereitet bzw. durchgeführt, v.a. bei chirurgischem Vorgehen wie bei Wundverschlüssen (Abb. 4.1).

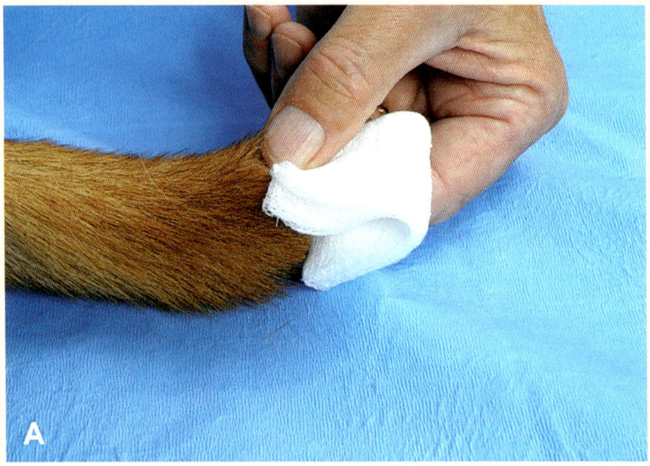

Abb. 4.2 A

- Nach einer ggf. erforderlichen Behandlung und Medikation wird Gaze als primäre Verbandsschicht auf den Stumpf gelegt und mit 2,5 cm breitem Pflaster umwickelt (Abb. 4.2 A–C).

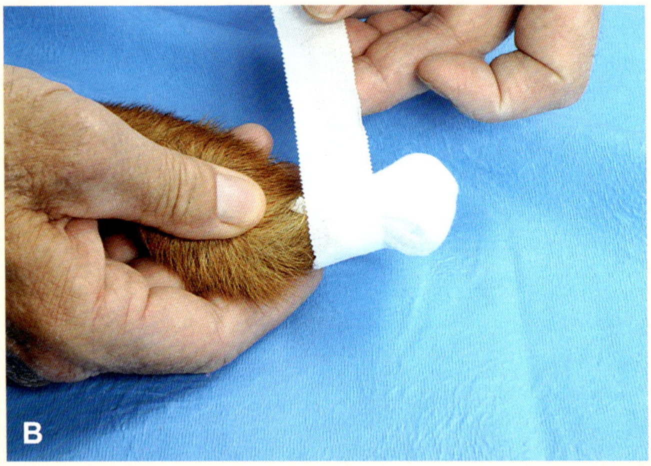

Abb. 4.2 B

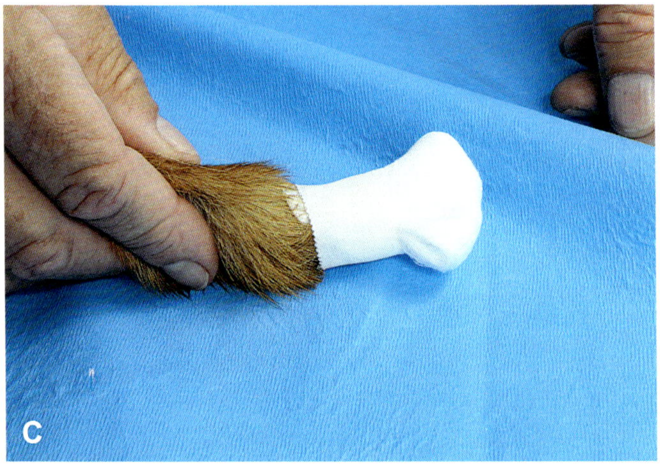

Abb. 4.2 C

- Pflasterstreifen (2,5 cm breit) werden beidseits des Schwanzes mit langem Überstand als „Zügel“ befestigt (Abb. 4.3).

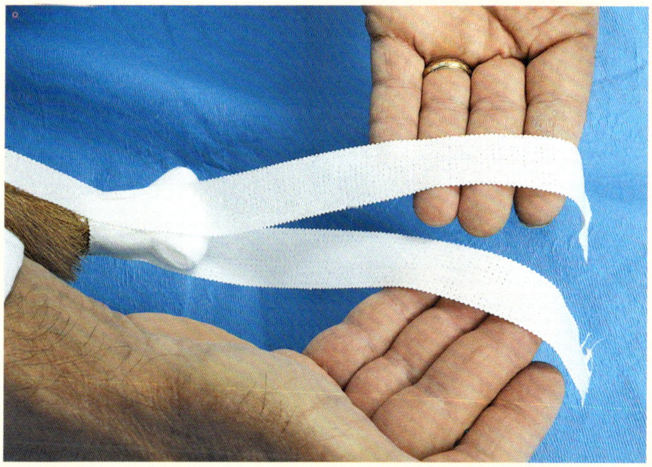

Abb. 4.3

- Der Überstand der beiden Pflasterstreifen wird miteinander verklebt (Abb. 4.4 A–B).

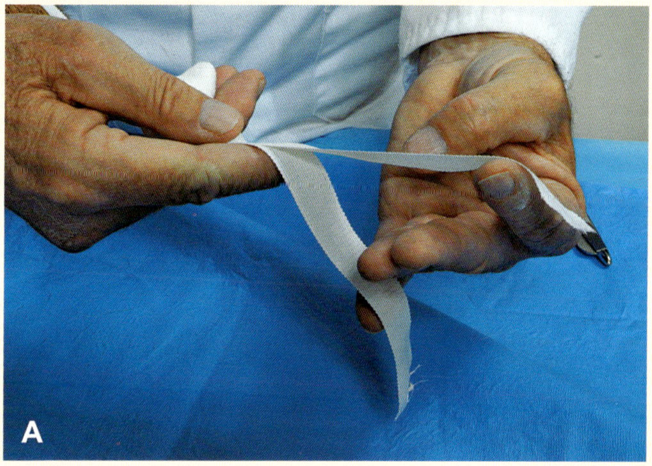

Abb. 4.4 A

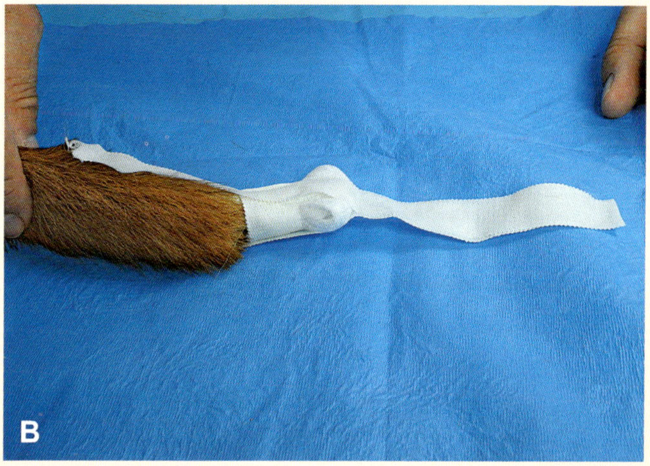

Abb. 4.4 B

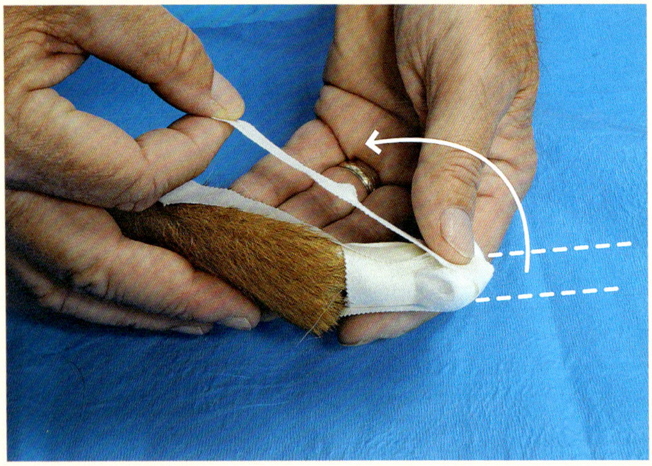

Abb. 4.5

- Der doppelte Pflasterstreifen wird nun zurückgeklappt und an den Schwanz gelegt (Abb. 4.5).

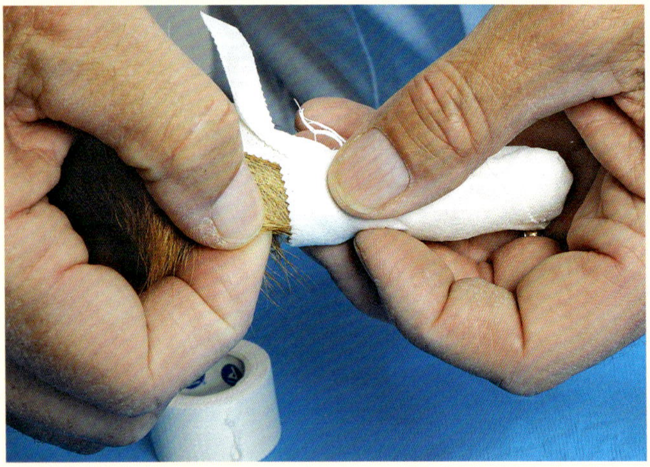

Abb. 4.6

- Vorgefertigte Pflasterstreifen aus 2,5 cm breitem Pflaster werden distal beginnend um den Schwanz und den zurückgeklappten Pflasterstreifen gewickelt. Nach zwei oder drei Touren werden Haare unter dem Pflaster hervorgezogen (Abb. 4.6).

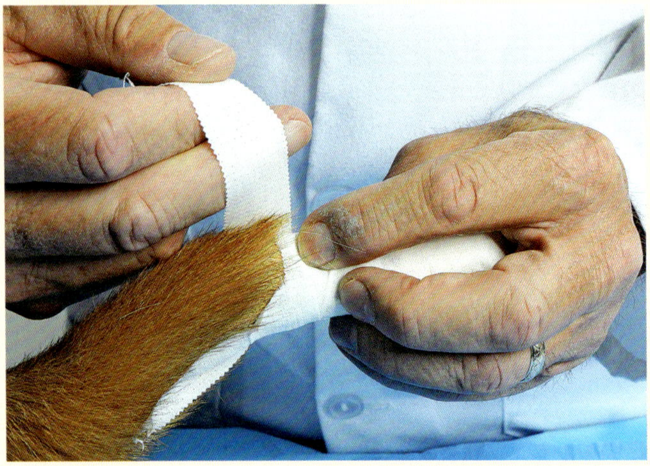

Abb. 4.7

- Die hervorgezogenen Haare liegen nun auf der letzten Pflasterschicht auf. Durch erneutes Umwickeln mit Pflaster werden sie auf dieser Unterlage fixiert und fixieren so den Verband (sog. *shingling wrap*, Abb. 4.7).

- Das Ergebnis ist ein Schwanzverband, der durch die fixierten Zügel und durch das *shingling* sicher sitzt (Abb. 4.8).
- Wenn ein weiterer Schutz des Schwanzstummels erforderlich ist, kann ein entsprechend dimensionierter Fingersplint über dem Verband angebracht werden.

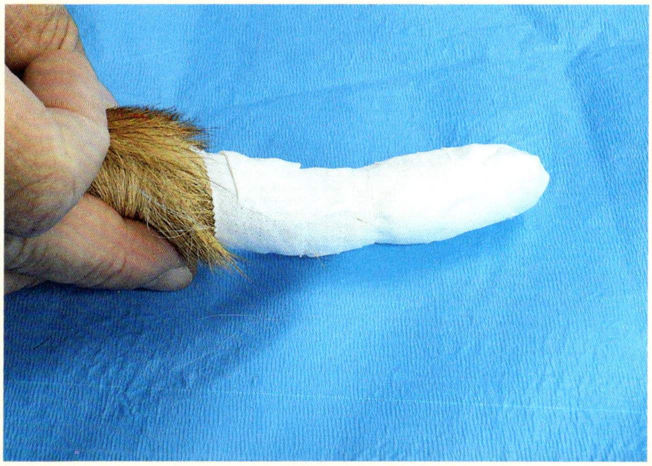

Abb. 4.8

Nachsorge

Der Verband sollte trocken und sauber gehalten werden. Ein Verbandswechsel hängt von der Art der Wunde und der klinischen Einschätzung durch den Tierarzt ab.

Mit einer Verbandsschere wird der Verband entfernt. Dies wird durch die Zügel und das *shingling* erschwert, die für einen sicheren Sitz des Verbandes sorgen. Es könnte daher bei einer längeren Manipulation des verletzten Schwanzes eine analgetische oder sedative Medikation notwendig sein.

Vorteile und Komplikationen

Der hauptsächliche Vorteil dieser Methode liegt im sicheren Halt des Verbandes. Die zentrifugale Kraft beim Schwanzwedeln führt oft zum Verrutschen/Abwerfen des Verbandes. Dies wird durch die Zügel und das *shingling* verhindert.

Da die Blutversorgung des Schwanzes kaudal abnimmt, kann ein zu festes Umwickeln des Schwanzes mit Pflaster zu Durchblutungsstörungen führen. Daher werden schon vorgefertigte Pflasterstreifen verwendet. Die Gefahr einer zu festen Wickelung wird durch ein direktes Abziehen des Pflasters von der Rolle vergrößert.

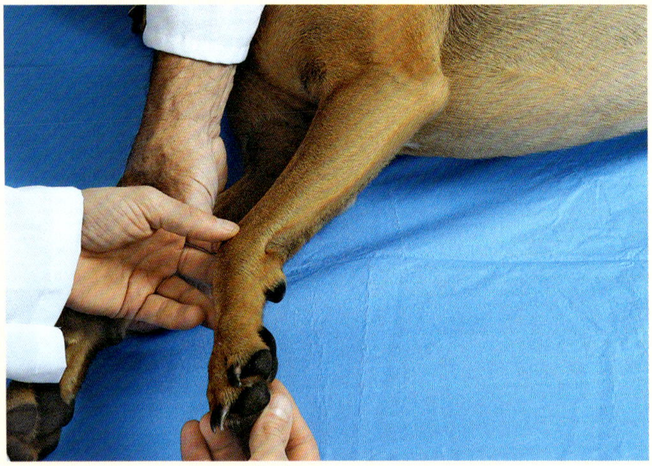

Abb. 4.9

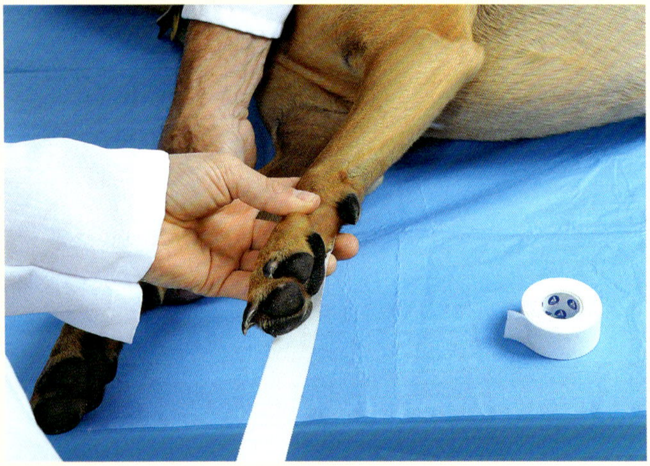

Abb. 4.10

4.2 Verbände, Gipse und Schienen an der Vordergliedmaße

Es gibt einige Überschneidungen bei den Informationen zu den einfachen Polsterverbänden an (distaler) Gliedmaße und Pfote. Dennoch gibt es auch spezifische Informationen für die jeweilige Region. Um es für den Leser einfacher zu machen und auf ständige Rückverweise zu verzichten, werden die Verbände in einzelnen Kapiteln dargestellt. Allgemein beziehen sich die Informationen zum einfachen Polsterverband der Gliedmaße auf Läsionen oberhalb von Karpus und Tarsus, die Informationen zum Verband an der distalen Gliedmaße bzw. Pfote auf Läsionen unterhalb von Karpus und Tarsus. Bestehen Unsicherheiten bei der Wahl der Technik aufgrund der Lokalisation einer Verletzung sind beide Bereiche einzubeziehen.

4.2.1 Einfacher Polsterverband an der Vordergliedmaße

Die Informationen für den Polsterverband der Vordergliedmaße gelten ebenso für die Hintergliedmaße.

Indikationen

Der einfache Polsterverband an der Vordergliedmaße bietet moderate Unterstützung, Immobilisation und Kompression bei einer Reihe von Indikationen. Er ist gleichzeitig die Grundlage, auf der viele weitere Methoden basieren, wie beispielsweise Schienenverbände. Der Verband wird bei verschiedenen Weichteilverletzungen genutzt, wie offenen und vernähten Wunden sowie bei Transplantationen.

Technik

Die Bilder stellen die Applikation des Verbandes an der Vordergliedmaße dar, die Prinzipien sind aber dieselben für einen Verband an der Hintergliedmaße.

- Üblicherweise befindet sich das Tier in Seitenlage, mit der betroffenen Gliedmaße nach oben.
- Das Bein wird in moderate Streckstellung gebracht, meist wird es zur Verbandsapplikation auch so belassen (Abb. 4.9).
- Pflasterzügel aus 2,5 cm breitem Pflaster werden lateral und medial an Metakarpus und Pfote befestigt (Abb. 4.10).

- Die Zügel sollten 10–15 cm über das Ende der Gliedmaße hinausreichen. Das freie Ende jedes Pflasterstreifens wird mit sich selbst verklebt, um einen Griff für das Auseinanderziehen der Zügel zu bilden (Abb. 4.11).

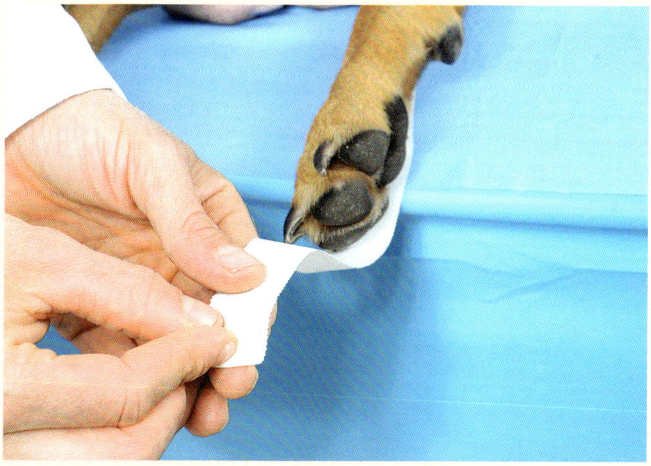

Abb. 4.11

- Dann werden die beiden Pflasterstreifen vorübergehend miteinander verklebt (Abb. 4.12–13). Alternativ kann ein Holzspatel zwischen die beiden Klebeflächen gelegt werden, um sie auseinanderzuhalten. Ist eine Wunde lateral oder medial lokalisiert, so können die Zügel auch dorsal bzw. volar befestigt werden. Für das Anlegen von Zügeln bei Verletzungen an der Pfote gibt es andere Techniken (s. Kap. 4.2.2).

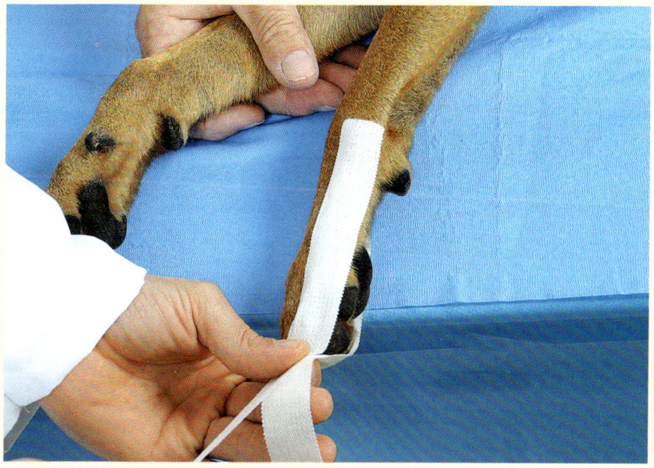

Abb. 4.12

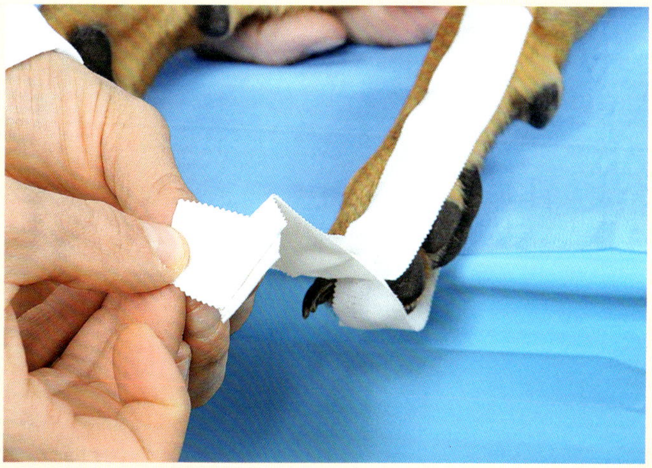

Abb. 4.13

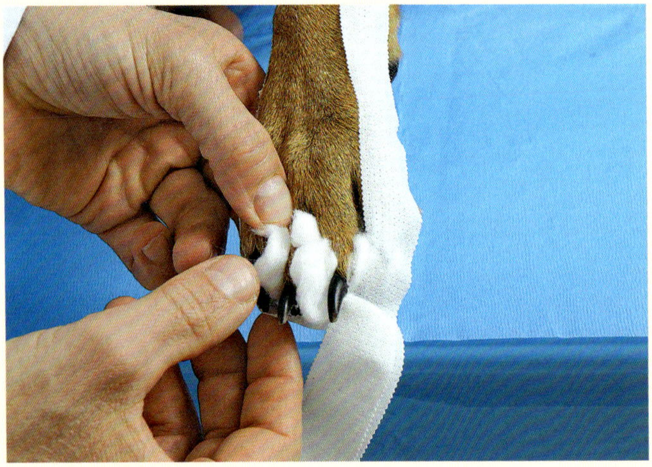

Abb. 4.14

- Kleine Wattepolster werden zwischen den Zehen und Ballen platziert (Abb. 4.14).

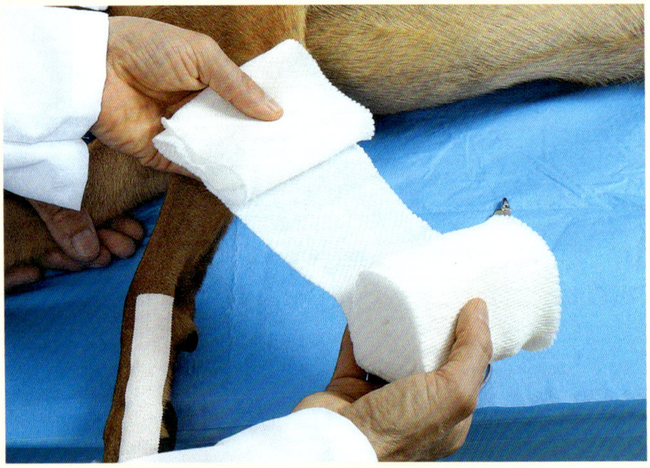

Abb. 4.15

- Um Hautwunden zu vermeiden, wird der Bedarf an zusätzlichem Schutz an Knochenvorsprüngen und z. B. dem Karpalballen abgeschätzt. Dies ist besonders bedeutsam, wenn der Verband längere Zeit nicht gewechselt werden soll, z. B. unter einem Castverband. Polster können durch mehrere Lagen Verbandswatte (Abb. 4.15) oder durch Aufeinanderlegen von Gazeschwämmen hergestellt werden, sodass das Polster annähernd die Stärke erreicht, die die Protuberanz über die Gliedmaßenoberfläche hervorragt. Ein Loch wird in die Mitte des Polsters geschnitten (*donut effect/donut pad*, Abb. 4.16–19), das Polster wird dann so platziert, dass das Loch die Protuberanz aufnimmt (Abb. 4.20). Eine alternative Methode zur Herstellung von *donut pads* wird in Kapitel 4.2.2 beschrieben.

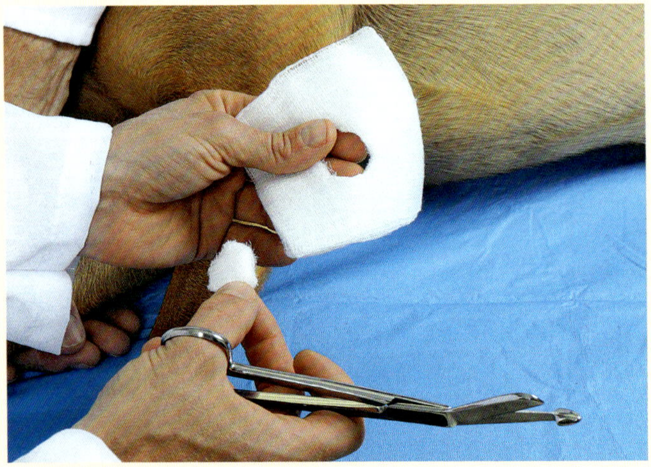

Abb. 4.16

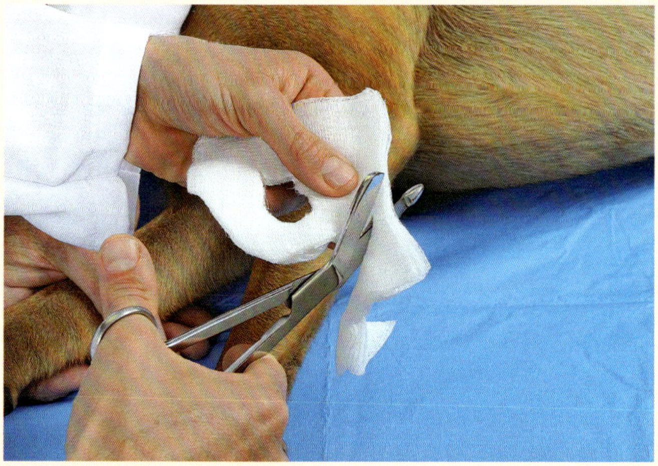

Abb. 4.17

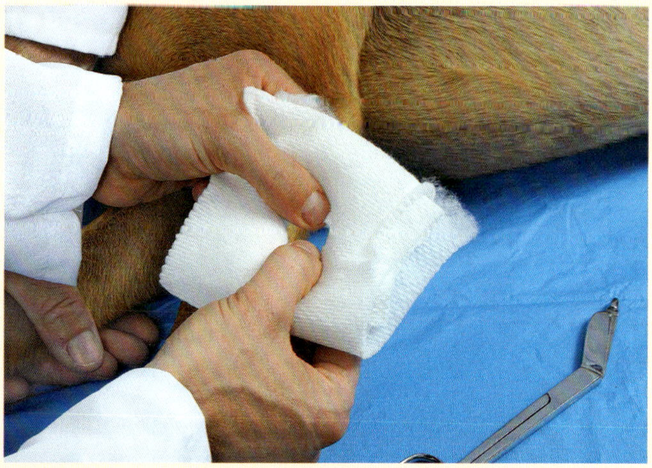

Abb. 4.18

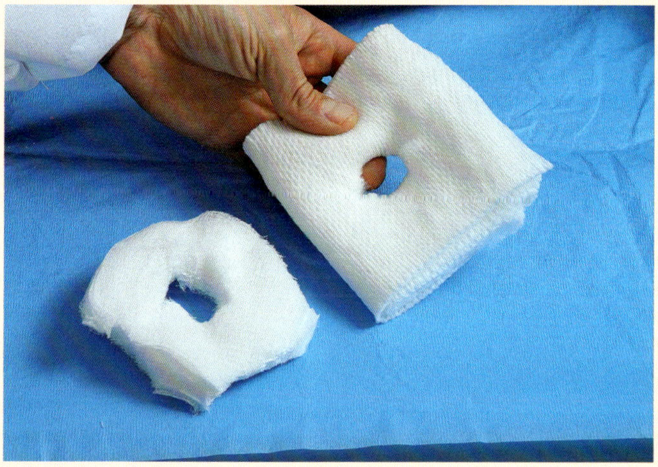

Abb. 4.19

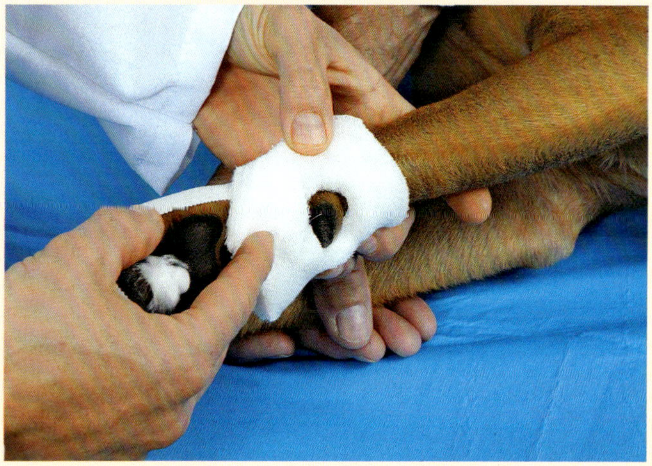

Abb. 4.20

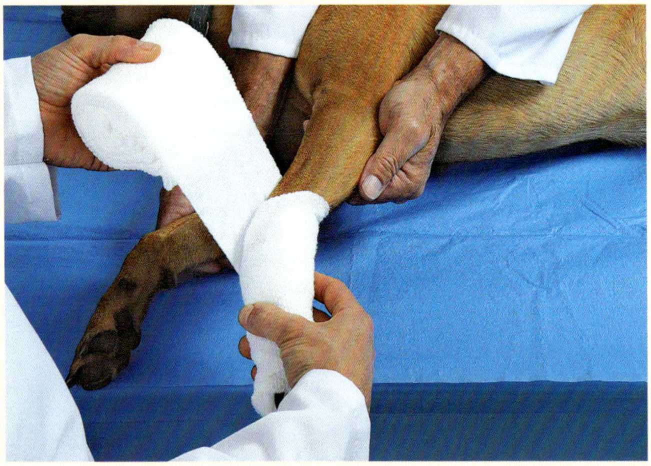

Abb. 4.21

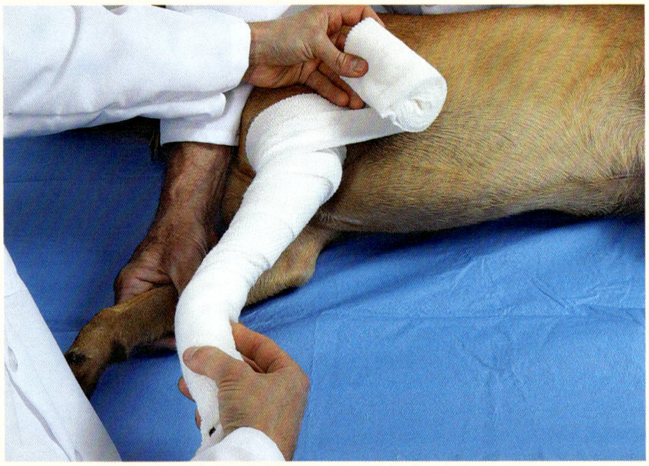

Abb. 4.22

- Wenn der Verband der Abdeckung einer Wunde oder Wundheilungsregion dienen soll, werden entsprechende Medikamente und Wundauflagen angewandt.
- Polsterwatte wird, an den Zehen beginnend, von distal nach proximal um die Gliedmaße gewickelt (Abb. 4.21–22). Die Breite der Polsterwatte hängt dabei von der Größe des Tieres ab. Jede Wickellage sollte dabei etwa zur Hälfte die vorangehende Toure überlappen. Falten im Material müssen vermieden werden, das Material wird leicht gedehnt, damit es straff ist. Bedenken, das Wattepolster zu straff anzulegen sind unbegründet, da das Material reißt, wenn zu starker Zug ausgeübt wird.
- Wird der Verband über einer nässenden Wunde angewandt, ist für die sekundäre Verbandsschicht ein Material vorzuziehen, das für die Absorption von Wundflüssigkeit konzipiert ist. Die Applikation ist dieselbe, jedoch muss hier darauf geachtet werden, die Verbandslage nicht zu straff zu wickeln, da dieses Material unter Spannung nicht reißt.

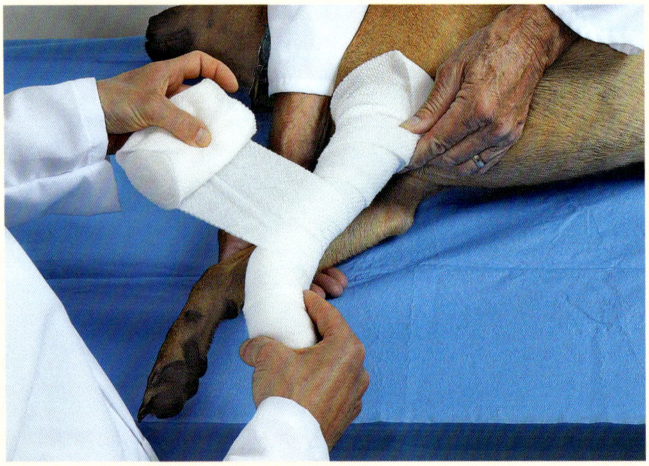

Abb. 4.23

- Am proximalen Ende des Verbandes wird gleichmäßiger Zug auf die Polsterwatte ausgeübt, um die Watte abzureißen. Üblicherweise werden mehrere Lagen gewickelt (Abb. 4.23–24).
- Bei einer nässenden Wunde werden mehrere Lagen absorbierendes Polstermaterial appliziert. Sind ausreichend viele Lagen gewickelt – üblicherweise drei bis vier – wird das Material nicht abgerissen, sondern abgeschnitten.

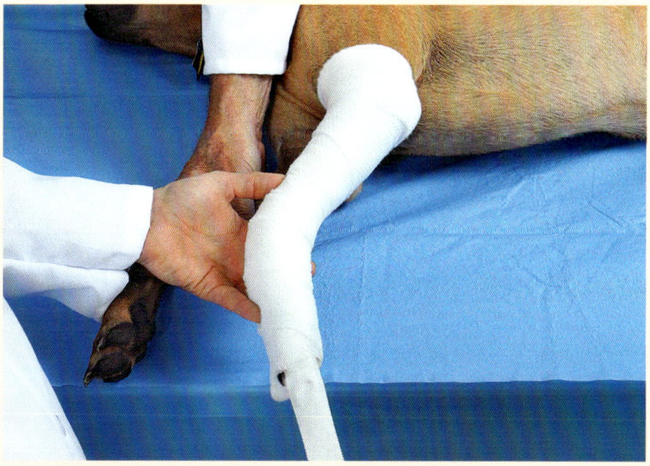

Abb. 4.24

- Die nächste Verbandslage besteht aus Gazebinden, mit denen die Gliedmaße, bei den Zehen beginnend, von distal nach proximal umwickelt wird. Die einzelnen Wickeltouren sollten um etwa die Hälfte überlappen. Sowohl am unteren wie oberen Ende des Verbandes sollte etwas von dem Polstermaterial unter der Gazelage hervorschauen. Während des Wickelvorgangs sollte gleichmäßiger Zug auf die Gazerolle ausgeübt werden, indem die Finger auf der Gazerolle ruhen und nicht auf dem abgewickelten Gewebe (Abb. 4.25). Der Zug wird ausgeübt, um eine leichte Kompression des unterliegenden Polstermaterials zu erreichen. Zu starker Zug muss jedoch vermieden werden, da er den lymphovenösen Abfluss aus der Gliedmaße behindern kann.
- Wird der Verband für eine nässende Wunde angelegt – und entsprechendes Polstermaterial verwendet – wird diese Gazeschicht nicht appliziert.

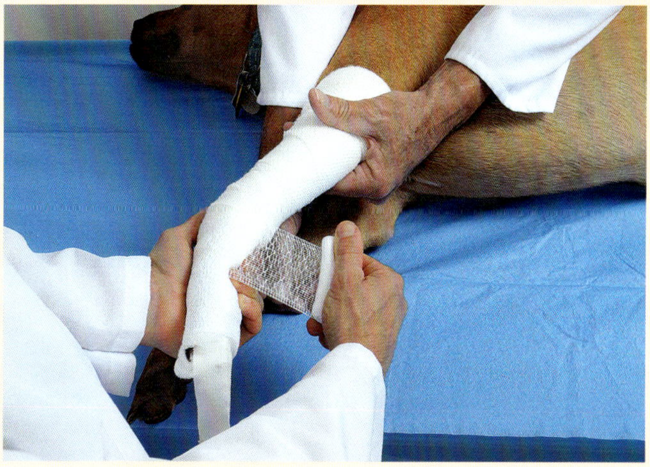

Abb. 4.25

- Die Pflasterzügel werden nun voneinander separiert und jeder so verdreht, dass seine Klebeseite zum Verband zeigt, auf dem sie befestigt werden. Die mittleren beiden Zehen sollten jetzt sichtbar sein (Abb. 4.26).

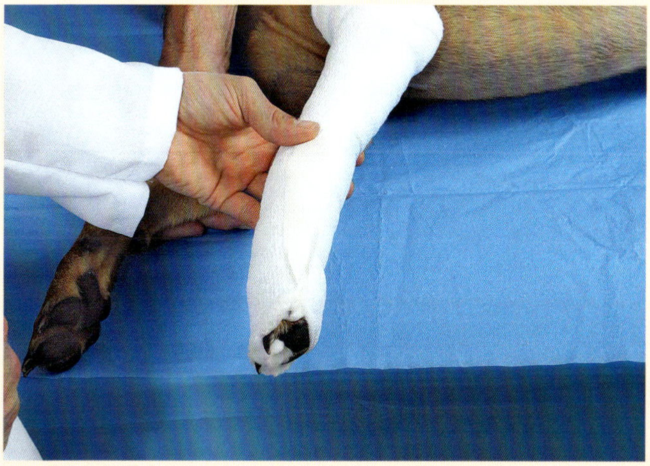

Abb. 4.26

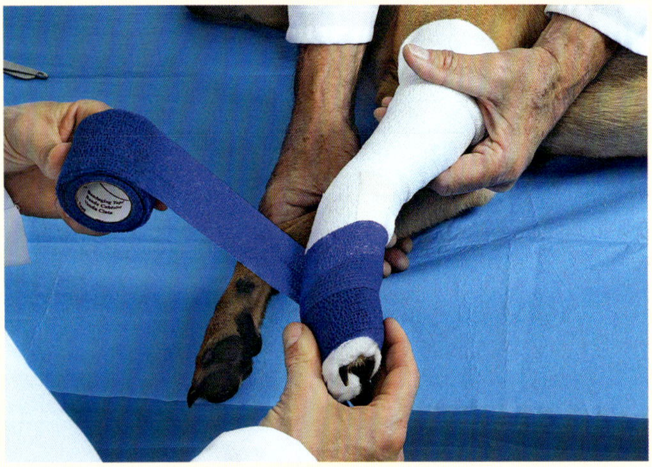

Abb. 4.27

- Die letzte schützende Verbandsschicht kann mit einer elastischen Binde angelegt werden. Sie wird ohne Falten von distal nach proximal mit jeweils 50 % Überlappung der einzelnen Touren gewickelt (Abb. 4.27). Die Applikation erfolgt unter leichtem Zug, sodass die Oberflächenstruktur der Binde zwar etwas glattgezogen wird, aber nicht vollständig verstreicht. Die Faktoren, die den Druck innerhalb einer Verbandsaußenschicht aus elastischen Binden beeinflussen, sind in Kapitel 4.2.2 dargestellt.

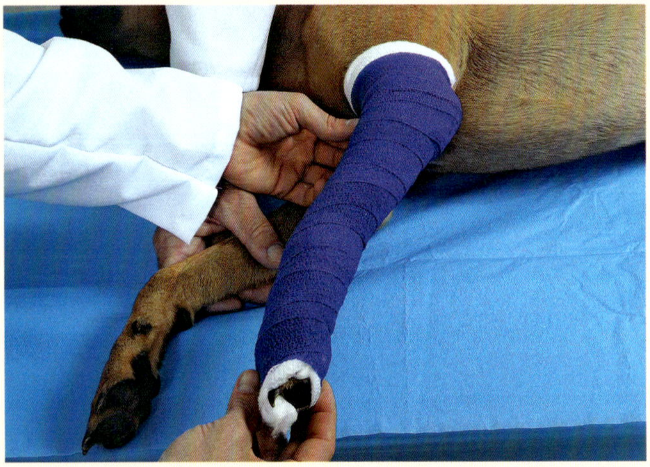

Abb. 4.28

- Es sollte ein kleiner Streifen des unterliegenden Verbandsmaterials am oberen und unteren Ende des Verbandes überstehen (Abb. 4.28).

Alternativ kann permeables Klebeband/Pflaster für die äußere Verbandsschicht genutzt werden. Die Pflasterstreifen werden vorgefertigt, jeder Streifen sollte einmal um den Verband zu wickeln sein. Die Pflasterstreifen werden unter leichtem Zug von distal nach proximal mit jeweils 50 % Überlappung des vorhergehenden Streifens angebracht.

Nachsorge

Der Verband sollte sorgfältig beobachtet werden. Er muss trocken und sauber bleiben und das Tier sollte nicht an ihm lecken oder knabbern. Die beiden sichtbaren Zehen werden auf Schwellungen kontrolliert, die Hinweise auf einen zu engen Verband und Indikation für einen Verbandswechsel sind. Ein Tierarzt muss aufgesucht werden, wenn einer der oben genannten Umstände eintritt oder wenn die Nutzung des Beines nachlässt.

Entfernung des Verbandes

Der Verband sollte in Schichten entfernt werden, um es für das Tier angenehmer zu machen. Die folgende Beschreibung bezieht sich auf die Entfernung eines Wundverbandes, aber einige der Schritte gelten ebenso für orthopädische Stützverbände.

Mit einer Rasier-/Skalpellklinge oder einer Schere wird vorsichtig die dritte (äußere) Verbandsschicht der Länge nach aufgeschnitten. Dann wird diese Lage von der zweiten Verbandsschicht separiert und entfernt. Wurde Pflaster für die dritte Verbandsschicht verwendet, muss es mit einer Verbandsschere von der zweiten Verbandsschicht freigeschnitten werden.

Das Ende der zweiten Verbandsschicht wird gesucht oder eines durch Inzision/Einreißen des Materials hergestellt. Das Material wird durch Abwickeln von der Gliedmaße entfernt. Mit jedem Verbandswechsel (fortschreitender Wundheilung) sollte die Menge an Exsudat in der Sekundärschicht geringer werden. Die vorhandenen Zügel können belassen werden, neue Zügel werden einfach auf diesen befestigt.

Die Polsterelemente an Zehen und Ballen werden entfernt und ersetzt, wenn sie feucht oder verschmutzt sind. Die Wundauflage wird entfernt und die Wunde angemessen behandelt, z. B. Débridement, Lavage, Medikation. Wenn die Wundauflage mit der Wunde verklebt ist, kann sie mit warmer physiologischer Kochsalzlösung oder erwärmtem Lidokain (2%ig, ohne Epinephrinzusatz) getränkt werden. Dies löst die Verklebung zur leichteren und schmerzarmen Entfernung der Wundauflage. Bei Katzen ist physiologische Kochsalzlösung zu verwenden.

Das schichtweise Entfernen des Verbandes ist für das Tier weitaus komfortabler als der Versuch, eine verletzte Gliedmaße zu manipulieren und mit einer Verbandsschere alle Lagen des Verbandes auf einmal zu durchtrennen.

Verbandserneuerung

Falls sie entfernt wurden, werden die Polster im Zwischenzehenbereich und -ballenbereich erneuert. Eine der Wunde angemessene Wundauflage wird appliziert. Die *donut pads* des alten Verbandes können wiederverwendet werden. Nach zwei- bis dreimaligem Gebrauch sind sie jedoch so komprimiert, dass sie ersetzt werden müssen. Wenn die Zügel durch Wundsekret feucht geworden sind, werden sie ersetzt.

Die zweite Verbandsschicht wird erneuert. Die Menge an Exsudat bestimmt die Häufigkeit des Verbandswechsels. Im frühen Wundheilungsstadium – mit der höchsten Exsudation – sollte der Verband wenigstens täglich gewechselt werden. Der Verbandswechsel sollte erfolgen, bevor die dritte Verbandsschicht vom Exsudat erreicht wird (*strike-through*), insbesondere wenn eine durchlässige äußere Schicht verwendet wurde. Wenn die äußere Verbandsschicht feucht wird, können exogene Bakterien die Wunde kontaminieren. Mit fortschreitender Wundheilung und abnehmender Wundsekretabgabe kann die Häufigkeit des Verbandswechsels reduziert werden.

Die dritte Verbandsschicht wird mit einer elastischen Binde oder mit durchlässigem Klebeband/Pflaster erneuert. Um diese Schicht trocken und sauber zu halten, kann eine Plastiktüte über dem Verband angebracht werden, wenn sich das Tier in einer feuchten und/oder schmutzigen Umgebung aufhält. Gummibänder sollten zur Befestigung der Tüte nicht verwendet werden, die Fixierung erfolgt mit Pflasterstreifen auf dem Fell des Tieres. So wird verhindert, dass die Gummibänder ggf. abrutschen und im Fell unerkannt verschwinden und zu Zirkulationsstörungen führen.

Vorteile und Komplikationen

Der Polsterverband ist einfach anzufertigen und bietet für eine Vielzahl von Indikationen ausreichenden Schutz und Stütze. Komplikationen können allgemein ein Verrutschen des Verbandes, Druckläsionen und Beschädigungen des Verbandes durch das Tier sein. Ein Verbandswechsel sollte bei Verdacht auf jeglichen dieser Faktoren erfolgen. Jeder Bereich des Verbandes hat spezifische Vor- und Nachteile.

Zwischenzehenräume und Ballenbereich
Die Baumwoll-/Wattepolster zwischen den Zehen und Ballen helfen, die normale Feuchtigkeit in diesem Bereich zu absorbieren und bakterielles Wachstum zu verhindern. Wenn sie jedoch feucht werden, fördern sie bakterielles Wachstum.

Wundauflage
Die grundsätzlichen Vor- und Nachteile der unterschiedlichen primären Verbandsmaterialien werden in Kapitel 1.1.2 dargestellt. Allgemein fördern die modernen Wundauflagen die Wundheilung, indem sie ein geeignetes Milieu schaffen oder indem sie mit dem Gewebe interagieren.

Die *donut pads* sind eine günstige Möglichkeit, Druckläsionen der Haut an z. B. Knochenvorsprüngen zu verhindern. Die Zügel helfen bei der Fixierung des Verbandes an der Gliedmaße. Wenn sie feucht werden, können sie jedoch durch bakterielles Wachstum zur Wundkontamination führen.

Sekundäre Verbandsschicht
Hauptvorteil der sekundären Verbandsschicht ist die Absorption von Wundsekret und assoziierter Bakterien und damit die Entfernung aus dem Wundbereich. Diese Verbandsschicht dient auch der Polsterung und Ruhigstellung einer Verletzung.

Wurde eine durchlässige dritte Verbandsschicht gewählt, so kann Feuchtigkeit evaporieren, sodass bakterielles Wachstum reduziert wird. Mit 0,2%igem Polyhexamethylenbiguanid imprägniertes Verbandsmaterial inhibiert Wundbakterien und exogene Bakterien, die in diese Verbandsschicht gelangen.

Bei stark nässenden Wunden kann die Absorption der sekundären Verbandsschicht stärker sein als die Evaporation der Feuchtigkeit. Dies begünstigt bakterielles Wachstum in der Sekundärschicht. Ein häufiger Verbandswechsel ist dann indiziert.

Wenn Baumwoll- oder Polsterwatte für die sekundäre Verbandsschicht verwendet wurden und diese feucht werden, können sie ggf. mit der Wunde verkleben. Bei der Entfernung bleiben schwer zu identifizierende Fasern an der Wunde haften und können dort als Fremdkörper wirken. Der Vorteil der Watte als Sekundärschicht ist jedoch, dass sie praktisch nicht zu fest gewickelt werden kann, da sie bei zu starkem Zug reißt.

Dritte Verbandsschicht
Diese Lage fixiert die anderen Verbandsschichten. Durchlässiges Material ermöglicht die Evaporation von Feuchtigkeit aus der sekundären Schicht und fördert so einen trockenen Verband. Allerdings können auch exogene Feuchtigkeit und Bakterien eindringen. Elastische Binden passen den Verband gut der Gliedmaße an, können jedoch zu eng gewickelt werden und führen dann zu Durchblutungsstörungen bis hin zu Nekrosen.

4.2.2 Einfacher Pfotenverband und Verband der distalen Gliedmaße

Vgl. Einführung in Kapitel 4.2.

Indikationen

Verbände an der distalen Gliedmaße oder Pfote werden bei offenen oder vernähten Wunden sowie bei Transplantationswunden angewandt. Bei einigen Weichteilwunden sind Versteifungen des Verbandes indiziert, um das Gewebe vor Bewegung und/oder Druckbelastung zu schützen. Spezifische Indikationen werden bei der Beschreibung der jeweiligen Technik benannt.

Technik

Zwischenzehen- und Zwischenballenbereich
Diese Bereiche müssen trocken gehalten werden. Bei Verletzungen in diesen Bereichen muss primäres Verbandsmaterial verwendet werden.

- Zwischenzehen- und Zwischenballenbereich werden mit Baumwoll-/Polsterwatte gepolstert (Abb. 4.29 A–B).

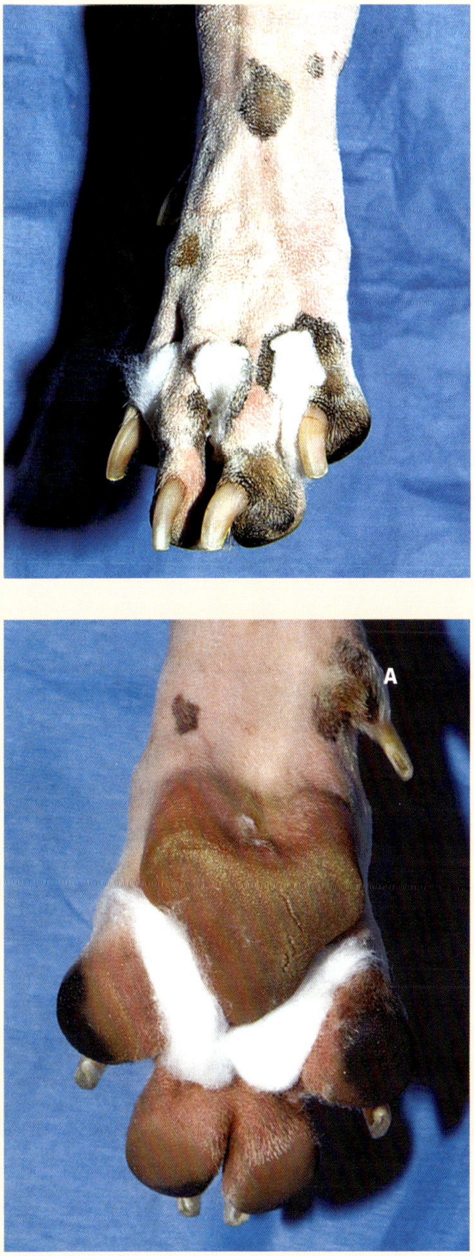

Abb. 4.29 A und B

- Bei Verletzungen im Zwischenzehenbereich wird stattdessen primäres Verbandsmaterial verwendet (Abb. 4.30).

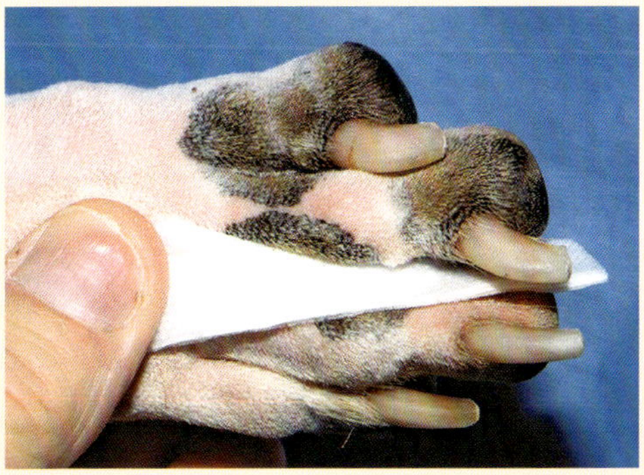

Abb. 4.30

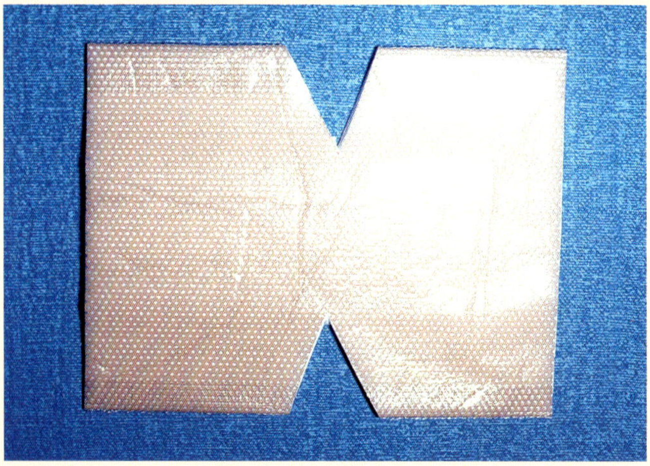

Abb. 4.31

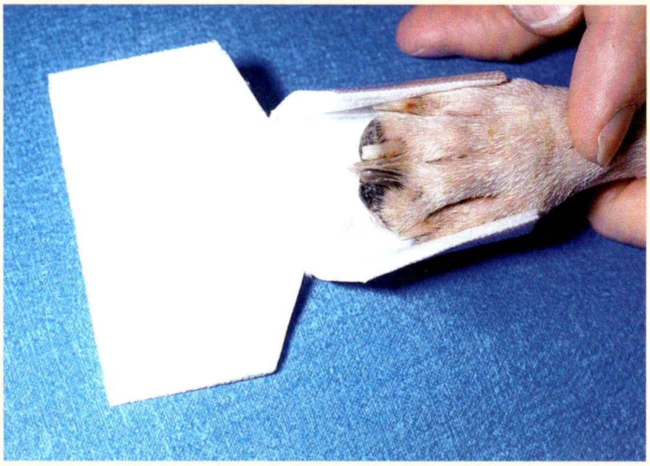

Abb. 4.32

Primäre Verbandsschicht, *donut pads* und Zügel

Die primäre Verbandsschicht hat große Bedeutung für ein die Heilung förderndes Wundmilieu und/oder eine Interaktion mit dem Wundgewebe, die den Heilungsprozess unterstützt. Abhängig von der Art der Wunde wird eine adäquate Wundauflage auf die Wunde bzw. Transplantationsstelle aufgebracht (s. Kap. 1.1.2).

Folgende Technik kann genutzt werden, um primäres Verbandsmaterial auf Wunden auf den Zehenrücken oder an den Ballen mittelgroßer Hunde zu befestigen. Es gleicht dem Anlegen einer Windel beim Kind, daher wird dies als *diapering a paw* bezeichnet.

- Aus beiden Klebestreifen einer nichthaftenden semipermeablen Wundauflage werden mittig Dreiecke ausgeschnitten (Abb. 4.31).

- Die Wundauflage wird palmar/plantar platziert und mit den Klebeflächen medial und lateral an der Pfote befestigt (Abb. 4.32).

- Die Wundauflage wird nun so gefaltet, dass sie auch den Pfotenrücken bedeckt (Abb. 4.33).

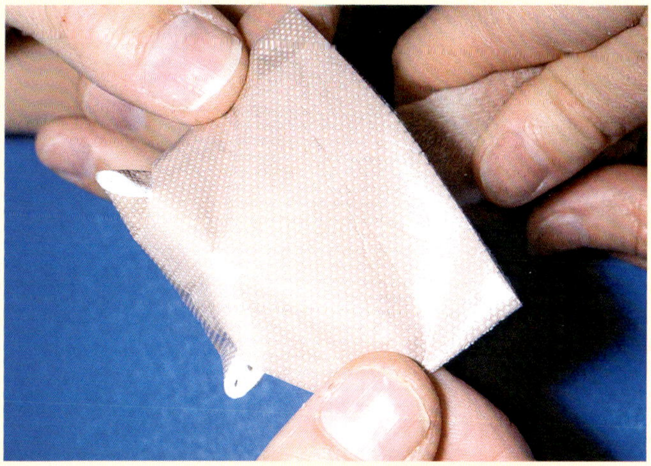

Abb. 4.33

- Die noch freien Klebeflächen werden auf dem bereits fixierten Teil des Verbandes befestigt (Abb. 4.34).

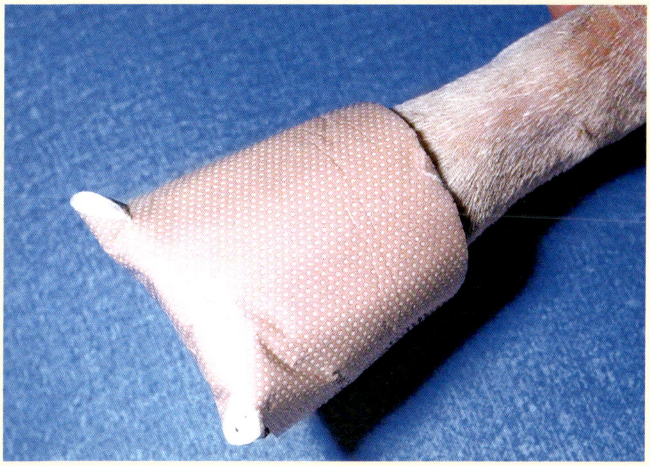

Abb. 4.34

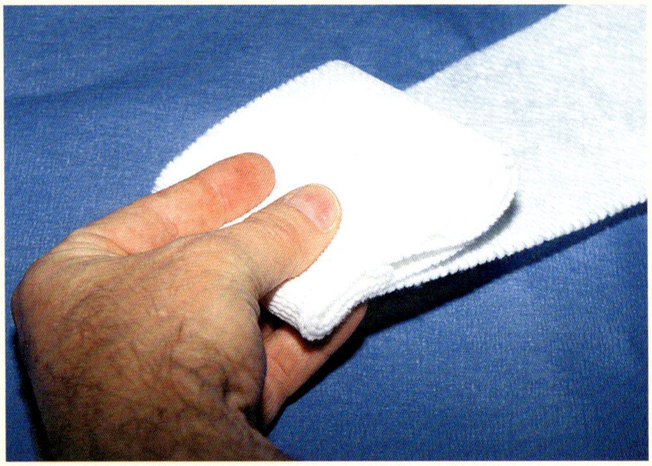

Abb. 4.35

- *Donut pads* werden über Vorsprüngen wie Karpalballen und Spunggelenkhöcker angebracht, die sonst Läsionen durch den Verband, Cast oder Versteifungselemente erleiden könnten.
- Polsterwatte wird in mehreren Lagen aufeinandergefaltet, sodass ein etwa 7,5 cm × 7,5 cm großes Polster entsteht (Abb. 4.35).

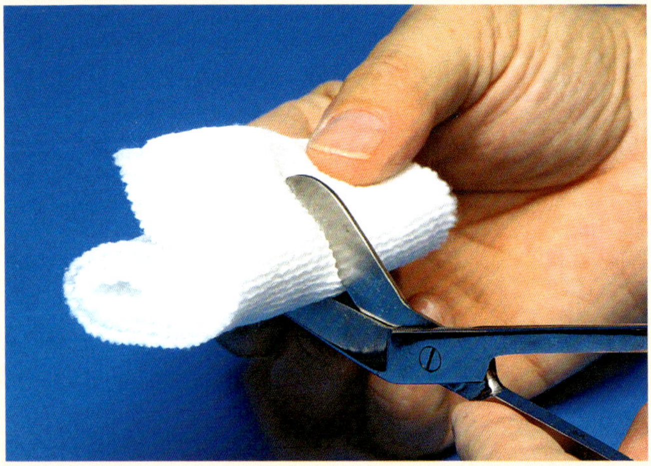

Abb. 4.36

- Das Polster wird auf der Hälfte gefaltet und mit einer Verbandsschere mittig eingeschnitten (Abb. 4.36).

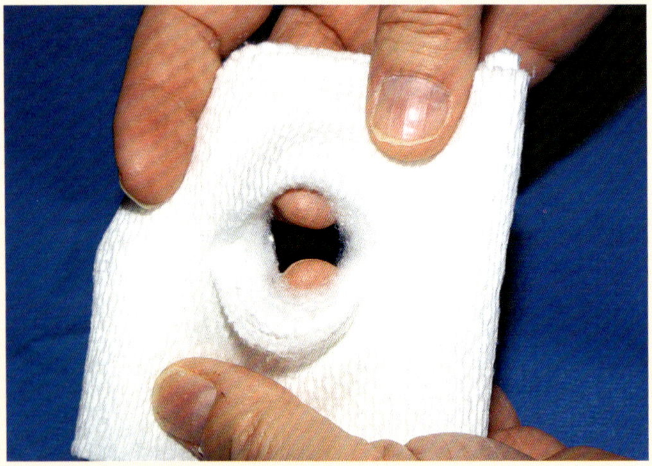

Abb. 4.37

- Das Polster wird wieder entfaltet und der Schlitz durch Zug der Finger zu einem nahezu runden Loch erweitert (Abb. 4.37).

- Das *donut pad* wird mit der Öffnung über dem Vorsprung platziert (Abb. 4.38).

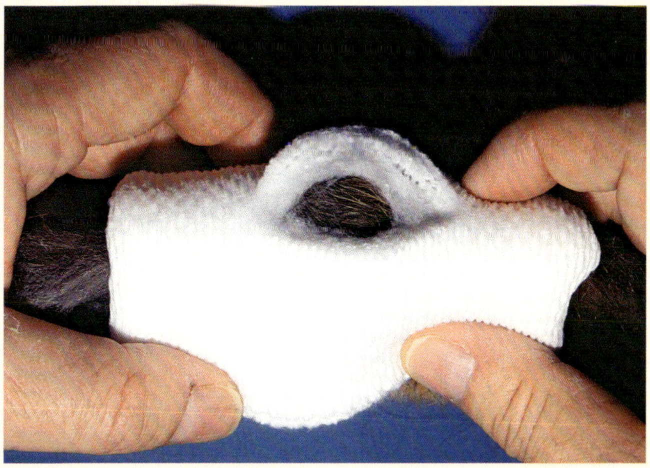

Abb. 4.38

- Zügel können am Bein fixiert werden, um einen Verband vor dem Verrutschen zu sichern.
- Zwei Pflasterstreifen (2,5 cm breit) werden parallel zur Längsachse des Unterschenkels auf der Haut des Beins befestigt. Die Streifen können dorsal und volar (Abb. 4.39) oder medial und lateral (Abb. 4.40) angebracht werden, wobei die Platzierung von der Lokalisation der Wunde an Pfote bzw. distaler Gliedmaße abhängt. Die Streifen sollten mehrere Zentimeter über das Ende der Gliedmaße hinausreichen. Die Zügel dürfen nicht über eine Wunde, Naht oder Transplantationsstelle verlaufen. Muss eine größere Wunde oder Transplantationsfläche versorgt werden, können Zügel ggf. nicht angewandt werden.

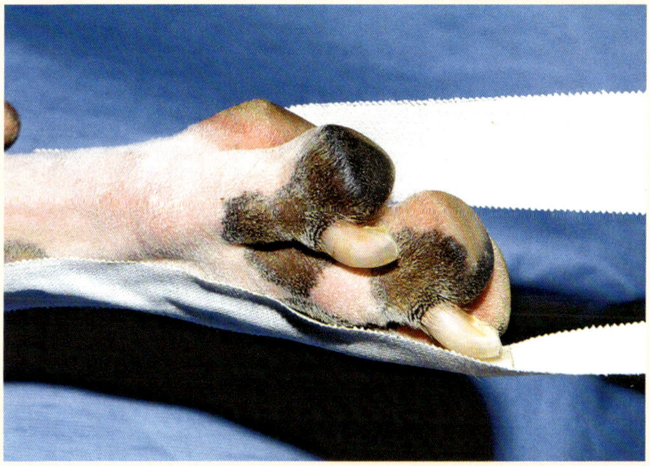

Abb. 4.39

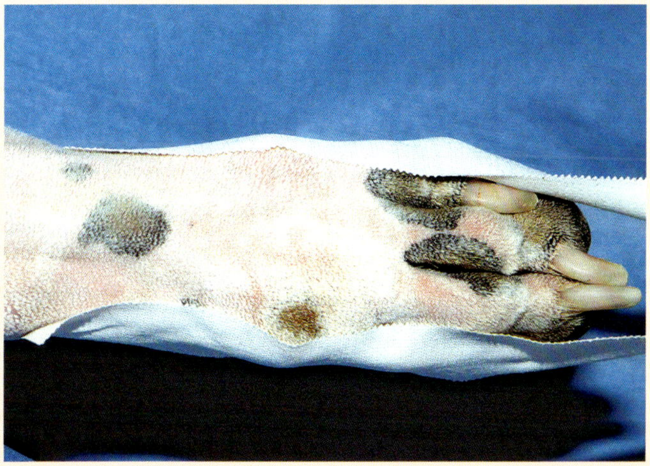

Abb. 4.40

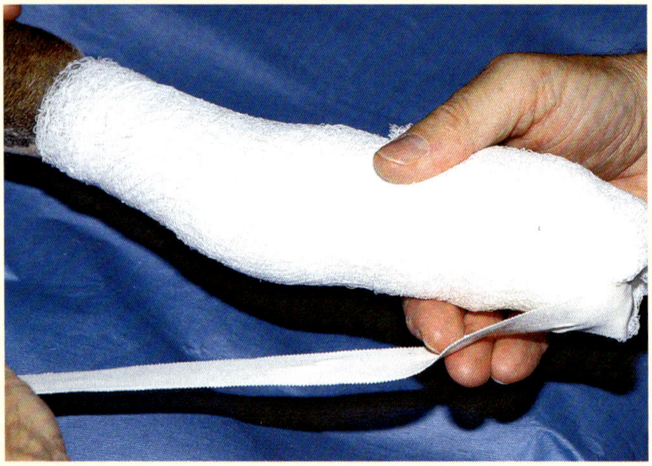

Abb. 4.41

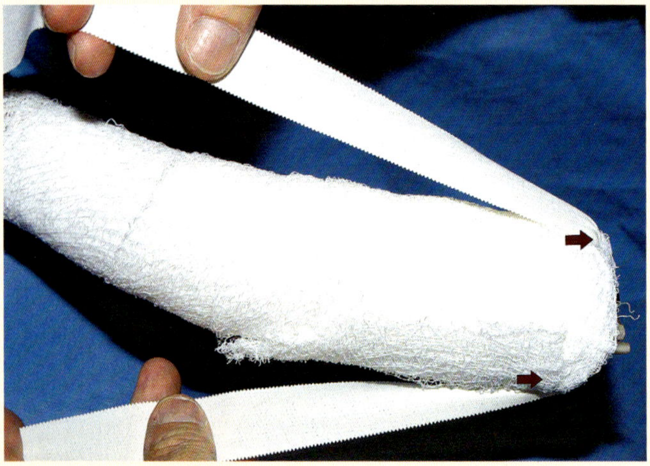

Abb. 4.42

Sekundäre Verbandsschicht

Diese Schicht dient der Absorption von Wundsekret, der Polsterung und einer gewissen Immobilisation. Spezielle Verbandsmaterialien oder Polsterwatte können verwendet werden (s. Kap. 1.1.2).

Die sekundäre Verbandsschicht wird von distal nach proximal um die Gliedmaße und eng um das primäre Verbandsmaterial gewickelt, ohne das zu viel Zug ausgeübt wird. Diese Lage sollte gleichmäßig aufgebracht werden. Das Verdrehen des Materials um 180°, um dadurch an bestimmten Stellen (z.B. am Karpalballen) das unterliegende Material besser anzupressen, sollte unterbleiben, da an solchen Stellen ein höherer Druck auf das Gewebe entsteht.

- Distales Ende des Verbandes mit Zügeln:
  Variante 1: Die Klebeflächen der Zügel werden aufeinandergelegt. Der entstehende Einzelzügel wird auf das sekundäre Verbandsmaterial zurückgeklappt (Abb. 4.41) und dort fixiert.
  Variante 2: Jeder Zügel wird um 180° verdreht (Pfeile) und auf das sekundäre Verbandsmaterial zurückgeklappt (Abb. 4.42) und dort verklebt.

- Distales Ende des Verbandes ohne Zügel: Diese Variante wird besonders bei Verletzungen an den Zehen angewandt und wenn die Größe/Lokalisation der Wunde oder des Transplantats keine Zügel zulässt.
  Variante 1: Beim Verbinden der Gliedmaße wird die Verbandsmaterialrolle am Distalende des Verbandes um 90° gedreht (Abb. 4.43). Dies ist die Vorbereitung zur Applikation mehrerer Lagen Verbandsmaterial über dem Ende der Pfote (Abb. 4.44). Dann wird die Rolle wieder im rechten Winkel zur Gliedmaßenlängsachse ausgerichtet und um die Pfote herumgewickelt, um die freien Enden der Verbandsmateriallagen zu fixieren (Abb. 4.45). Das Ergebnis ist ein weicher Verband, der die Pfote umschließt (Abb. 4.46).

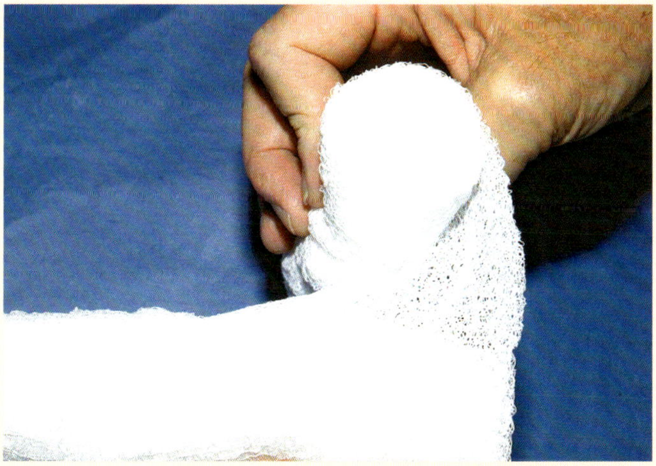

Abb. 4.43

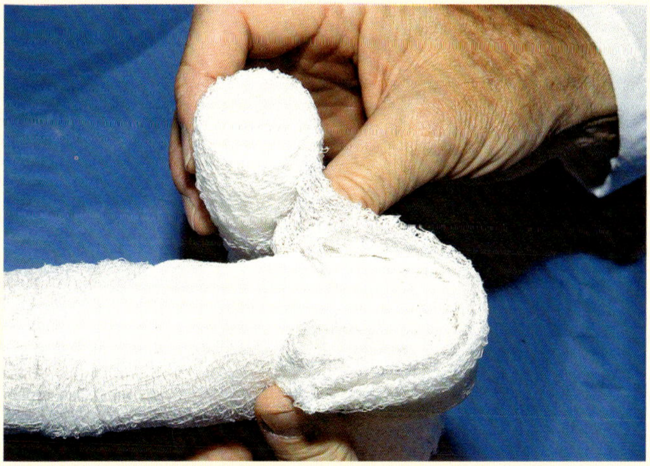

Abb. 4.44

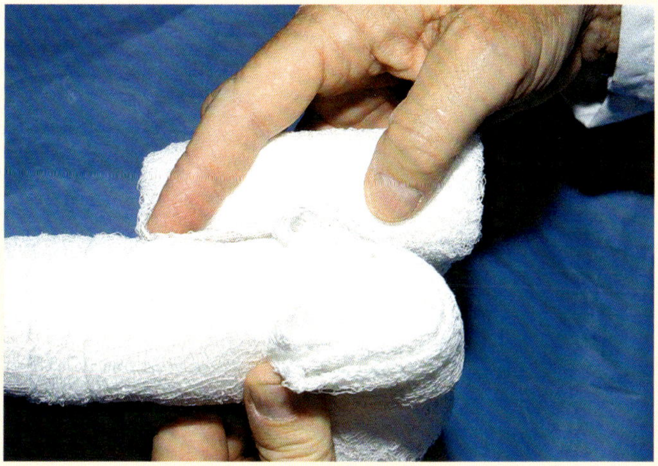

Abb. 4.45

Abb. 4.46

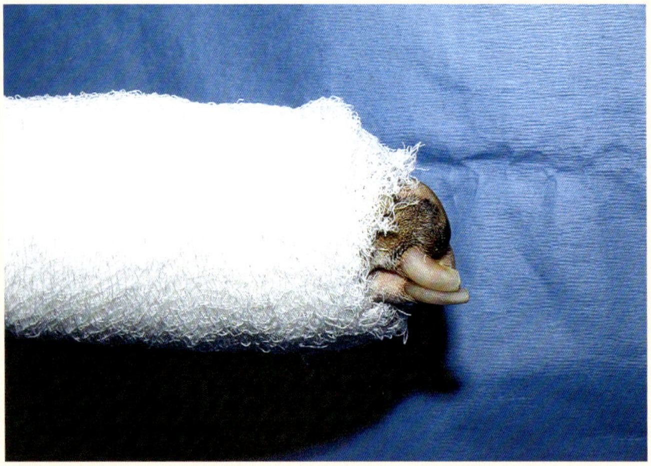

Abb. 4.47

Variante 2: Das Anlegen des sekundären Verbandsmaterials beginnt schräg auf Höhe der zweiten und fünften Zehe, sodass die dritte und vierte Zehe frei bleiben (Abb. 4.47). Dies erlaubt die Beurteilung der Straffheit des Verbandes: Schwellen die Zehen oder wirken sie hypotherm, ist dies ein Hinweis auf einen zu engen Verband. Diese Variante des offenen Verbandes kann genutzt werden, wenn Zügel nicht anzuwenden sind oder bei seitlich angebrachten Zügeln, da dann die Zehen freigelassen werden können.

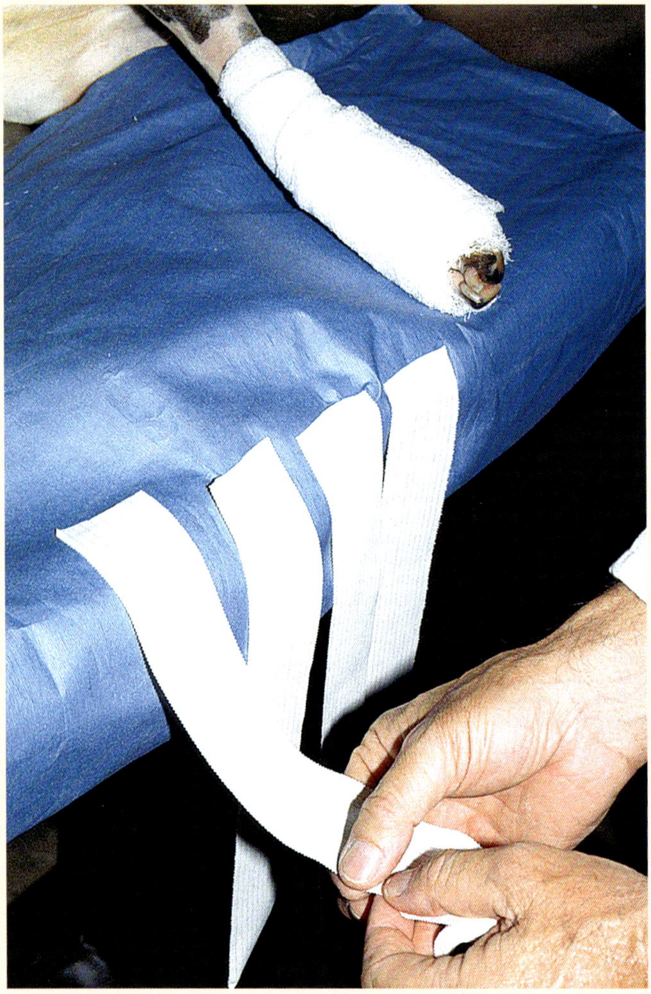

Abb. 4.48

Tertiäre Verbandsschicht

Diese Lage fixiert die anderen Verbandsschichten, schützt sie vor Verunreinigungen und unterstützt die Ruhigstellung der Gliedmaße, insbesondere wenn sie eine Versteifung fixiert. Unterschiedliche Materialien stehen für die tertiäre Verbandsschicht zur Verfügung (siehe Kap. 1.1.2). Das Verbandsmaterial wird über der zweiten Verbandsschicht angebracht.

- Wenn **permeables Pflaster** verwendet wird, werden Streifen vorgefertigt (Abb. 4.48). Jeder Streifen sollte lang genug sein, um einmal um die verbundene Gliedmaße herumzureichen. Das Pflaster wird von distal nach proximal unter leichtem Zug und Überlappung der Pflasterstreifen angebracht.

- Alternativ kann das Pflaster bei der Applikation direkt von der Rolle abgespult werden. Es muss dann jedoch in Verbandsnähe fixiert werden, während neues Pflaster abgerollt wird, um eine zu straffe Wickelung zu verhindern (Abb. 4.49).

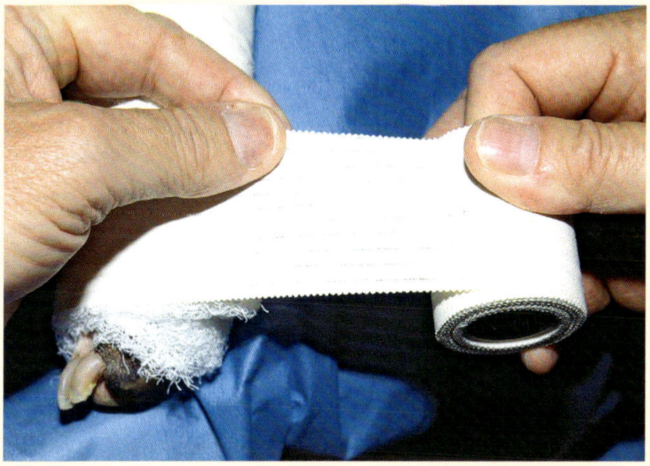

Abb. 4.49

- Am Proximalende des Verbandes wird der letzte Pflasterstreifen jeweils zur Hälfte auf dem vorletzten Streifen und auf der Haut befestigt (Abb. 4.50).
- Zusätzliche Streifen können auf Haut/Fell angebracht werden, um ein Verrutschen des Verbandes zu verhindern. Eine Hand kann für etwa eine Minute auf das Pflaster auf der Haut gepresst werden. Die Körperwärme von Hand und Tier erhöht die Haftung des Pflasters.
- Weiterhin kann zur Verbesserung der Haftung eine polymere Hexamethyldisiloxanacrylat-Lösung (Cavilon No Sting Barriere Film, 3M Health Care, MN) auf die Haut gesprüht werden. Nach der Trocknung bleibt ein transparenter Film, auf dem das Pflaster besser haftet als nur auf der Haut. Auch wird die Haut beim Entfernen des Pflasters geschont.

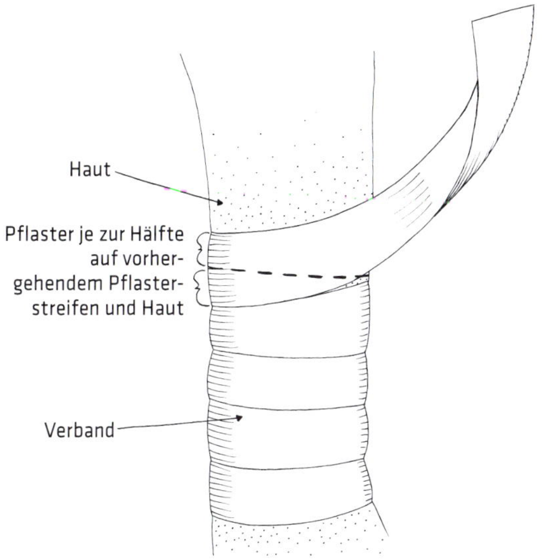

Abb. 4.50

Wenn **wasserfestes Pflaster** verwendet wird, um den Verband vor exogener Flüssigkeit (z.B. Wasser, Harn) zu schützen, so werden ebenfalls vorgefertigte Pflasterstreifen verwendet. Die Applikation erfolgt auf dem permeablen Pflaster. Kontakt dieses Materials mit Haut und Fell wird vermieden, die Fixierung an der Gliedmaße wird durch das medizinische permeable Pflaster hergestellt.

Tab. 4.1: Faktoren, die den Druck einer elastischen Binde beeinflussen

- Die Materialelastizität. Höhere Elastizität bedeutet mehr Druck.
- Der Zug, der bei der Applikation auf das Material ausgeübt wird.
- Die Breite der Binde. Je schmaler das Material ist, desto höher wird der lokale Druck (Tourniquet-Effekt).
- Die Zahl der übereinanderliegenden Schichten bzw. die Überlappung, da der Druck additiv ist. Jede Lage für sich scheint unter korrektem Zug appliziert zu sein, der Druck steigt aber mit jeder Lage.
- Der Umfang des bandagierten Beines. Je kleiner der Durchmesser, desto höher ist der mögliche Druck (Abb. 4.51).

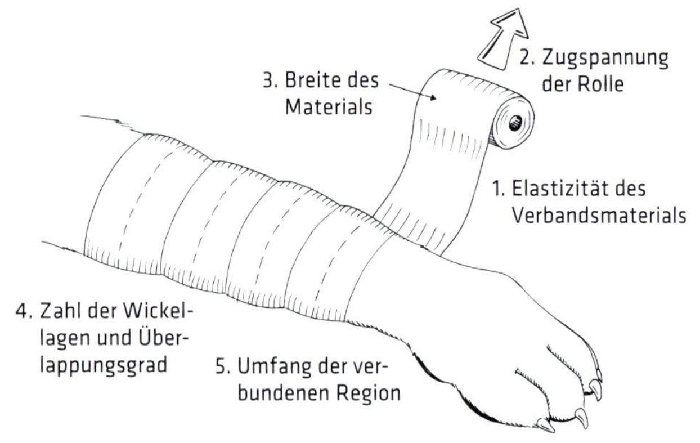

Abb. 4.51: Fünf Faktoren bestimmen den Druck des Verbandes.

Wird eine **elastische Binde** verwendet, so wird sie mit gleichmäßigem aber nicht exzessivem Zug über der zweiten Verbandsschicht angebracht. Die Verwendung von Polsterwatte als sekundärem Material kann einen gewissen Schutz vor zu hohem Druck durch das elastische Material bieten. Wird die elastische Binde direkt von der Rolle abgewickelt, fixiert man das Material in Verbandsnähe manuell. So wird die Gefahr einer zu engen Wickelung reduziert. Die Touren überlappen zu einem Drittel bis zur Hälfte die vorhergehende Toure. Die Textur der Binde sollte leicht gestrafft werden, ohne zu verstreichen.

Der Übergang von kleineren zu größeren Durchmessern, also von distal nach proximal, muss achtsam bandagiert werden. Der distale Verbandsabschnitt muss mit geringerer Zugspannung angelegt werden, um zu hohen Druck zu verhindern. Es muss aber auch beachtet werden, dass es einige Bereiche gibt, die einen geringeren Durchmesser haben als weiter distal gelegene Abschnitte der Gliedmaße, z. B. direkt proximal des Karpus und Tarsus oder proximal der Zehen. Ein Tourniquet-Effekt kann an diesen Stellen durch eine straffe Verbandsapplikation eintreten. Adäquate Polsterung hilft, diese Druckprobleme zu vermeiden.

Auch an sehr prominenten Stellen, z. B. an Sprunggelenkhöcker und Ellbogen, muss bei elastischen Verbandsmaterialien ein zu hoher Druck vermieden werden. Bereits normale Verbandsmaterialien erzeugen hier Druck, umso mehr gilt dies für elastische Binden. Zusätzliche Polsterung erhöht hier eher den Druck, als ihn zu mildern. Daher werden diese Stellen am besten mit *donut pads* entlastet (s. Kap. 4.2.2).

Um den Druck eines distalen Gliedmaßenverbandes mit einer elastischen Binde kontrollieren zu können, werden die mittleren beiden Zehen freigelassen. So können Sensibilität und Zirkulation mehrfach täglich überprüft werden (s. Kap. 4.2.2, „Sekundäre Verbandsschicht", „Distales Ende des Verbandes ohne Zügel", Variante 2).

Nachsorge

Entfernung des Verbandes

Ein Verband der distalen Gliedmaße und/oder Pfote sollte zur Schonung des Tieres in Schichten entfernt werden. Im Folgenden wird das Entfernen eines Wundverbandes beschrieben, einige Schritte gelten aber ebenso bei orthopädischen Cast- und Schienenverbänden.

Mit einer Rasier- oder Skalpellklinge wird ausschließlich die tertiäre Verbandsschicht längs aufgetrennt. Die Verklebungsfläche mit Haut/Fell am proximalen Verbandsende wird manuell und mit einer Verbandsschere gelöst. Die Tertiärschicht wird dann mit der Hand und bei Bedarf mit einer Verbandsschere von der Sekundärschicht getrennt und entfernt.

Das Ende der Sekundärschicht wird aufgesucht, bzw. ein Ende durch Scherenschlag geschaffen, und die sekundäre Verbandsschicht durch Abwickeln entfernt. Hierbei wird die Menge an Exsudat festgestellt. Mit jedem Verbandswechsel nimmt die Menge an Exsudat in der sekundären Verbandsschicht ab. Vorhandene Zügel werden belassen.

Polstermaterial bzw. primäres Verbandsmaterial im Zwischenzehen- und Zwischenballenbereich wird entfernt, wenn es feucht oder verschmutzt ist. Die Wundauflage wird entfernt und die Wunde adäquat behandelt, z. B. Débridement, Lavage, Medikation. Wenn die Wundauflage mit der Wunde verklebt ist, kann sie mit warmer physiologischer Kochsalzlösung oder erwärmtem Lidokain (2%ig, ohne Epinephrinzusatz) getränkt werden. Dies löst die Verklebung zur leichteren und schmerzarmen Entfernung der Wundauflage. Bei Katzen ist physiologische Kochsalzlösung zu verwenden.

Das schichtweise Entfernen des Verbandes ist für das Tier weitaus komfortabler als der Versuch, eine verletzte Gliedmaße zu manipulieren und mit einer Verbandsschere alle Lagen des Verbandes auf einmal zu durchtrennen.

Verbandserneuerung

Zum Verbandswechsel werden die Polster im Zwischenzehen- und Zwischenballenbereich erneuert. Sind in diesem Gebiet Wunden, werden stattdessen primäre Verbandsmaterialien verwendet. Abhängig von der Art der Wunde wird eine angemessene Wundauflage auf den Wund-/Transplantatbereich aufgebracht. Bei einer Wunde an der dorsalen bzw. palmaren/plantaren Pfote beim mittelgroßen Hund kann ein Windelverband angelegt werden (*diapering a paw*, s. Kap. 4.2.2 „Primäre Verbandsschicht, *donut pads* und Zügel"). Die *donut pads* des alten Verbandes können wiederverwendet werden. Nach zwei- bis dreimaligem Gebrauch sind sie jedoch so komprimiert, dass sie ersetzt werden müssen. Zügel werden belassen und für den neuen Verband weitergenutzt. Wenn sie durch Wundsekret feucht geworden sind, werden sie entfernt, da sie sonst bakterielles Wachstum fördern. Die Zügel können ersetzt werden oder es wird ein zügelloser Verband appliziert, dann hängt der sichere Sitz des Verbandes von der Fixierung auf Haut und/oder Fell des Tieres ab.

Die zweite Verbandsschicht wird erneuert. Die Menge an Exsudat bestimmt die Häufigkeit des Verbandswechsels. Im frühen Wundheilungsstadium – mit der höchsten Exsudation – sollte der Verband wenigstens täglich gewechselt werden. Der Verbandswechsel sollte erfolgen, bevor die dritte Verbandsschicht vom Exsudat erreicht wird (*strike-through*), insbesondere wenn eine durchlässige äußere Schicht verwendet wurde. Wenn die äußere Verbandsschicht feucht wird, können exogene Bakterien die Wunde kontaminieren. Mit fortschreitender Wundheilung und abnehmender Wundsekretabgabe kann die Häufigkeit des Verbandswechsels reduziert werden. Beim Anlegen der zweiten Verbandsschicht muss ein adäquater distaler Abschluss des Verbandes erfolgen, abhängig davon, ob Zügel verwendet wurden oder nicht.

Die dritte Verbandsschicht wird mit einer elastischen Binde oder mit durchlässigem Klebeband/Pflaster erneuert. Diese Schicht muss sauber und trocken gehalten werden. Wurde durchlässiges Material verwendet, kann eine Plastiktüte über dem Verband angebracht werden, wenn sich das Tier in einer feuchten und/oder schmutzigen Umgebung aufhält, z. B. in feuchtem Gras zum Harn- und Kotabsetzen. Gummibänder sollten nicht verwendet werden, um die Tüte zu befestigen. Die Fixierung sollte mit Pflasterstreifen auf dem Fell des Tieres erfolgen. So wird verhindert, dass die Gummibänder ggf. abrutschen und im Fell unerkannt verschwinden und zu Zirkulationsstörungen führen.

Vorteile und Komplikationen

Der einfache Pfotenverband und Verband der distalen Gliedmaße ist einfach anzulegen und bietet angemessenen Schutz und Unterstützung für Wunden in diesem Bereich. Komplikationen können allgemein ein Verrutschen des Verbandes, Drucksläsionen und Beschädigung des Verbandes durch das Tier sein. Ein Verbandswechsel sollte bei Verdacht auf jeglichen dieser Faktoren erfolgen. Jeder Bereich des Verbandes hat spezifische Vor- und Nachteile.

Zwischenzehenräume und Ballenbereich
Die Baumwoll-/Wattepolster zwischen den Zehen und Ballen absorbieren die normale Feuchtigkeit und Exsudat in diesem Bereich und verhindern Gewebemazeration und bakterielles Wachstum. Bei Wunden in diesem Bereich unterstützt primäres Verbandsmaterial die Wundheilung.

Wundauflage
Die grundsätzlichen Vor- und Nachteile der unterschiedlichen primären Verbandsmaterialien werden in Kapitel 1 dargestellt. Allgemein fördern die modernen Wundauflagen die Wundheilung, indem sie ein geeignetes Milieu schaffen oder indem sie mit dem Gewebe interagieren.

Die Pfote zu „windeln" ist eine Möglichkeit, bei einer entsprechenden Wunde an der Pfote mittelgroßer Hunde sehr schonend eine nichthaftende semipermeable Wundauflage zu applizieren.

Donut pads sind eine günstige Möglichkeit, Druckläsionen der Haut an z. B. Knochenvorsprüngen zu verhindern. Zügel helfen bei der Fixierung des Verbandes an der Gliedmaße. Wenn sie feucht werden, können sie jedoch durch bakterielles Wachstum zur Wundkontamination führen.

Sekundäre Verbandsschicht
Hauptvorteil der sekundären Verbandsschicht ist die Absorption von Wundsekret und assoziierter Bakterien und damit die Entfernung aus dem Wundbereich. Diese Verbandsschicht dient auch der Polsterung und Ruhigstellung einer Verletzung.

Wurde eine durchlässige dritte Verbandsschicht gewählt, so kann Feuchtigkeit evaporieren, sodass bakterielles Wachstum reduziert wird. Mit 0,2%igem Polyhexamethylenbiguanid imprägniertes Verbandsmaterial inhibiert Wundbakterien und exogene Bakterien, die in diese Verbandsschicht gelangen.

Bei stark nässenden Wunden kann die Absorption der sekundären Verbandsschicht stärker sein als die Evaporation der Feuchtigkeit. Dies begünstigt bakterielles Wachstum in dieser Verbandsschicht. Ein häufiger Verbandswechsel ist dann indiziert.

Wenn Baumwoll- oder Polsterwatte für die sekundäre Verbandsschicht verwendet wurden und diese feucht werden, können sie ggf. mit der Wunde verkleben. Bei der Entfernung bleiben schwer zu identifizierende Fasern an der Wunde haften und können dort als Fremdkörper wirken. Der Vorteil der Watte als Sekundärschicht ist jedoch, dass sie praktisch nicht zu fest gewickelt werden kann, da sie bei zu starkem Zug reißt.

Dritte Verbandsschicht
Diese Lage fixiert die anderen Verbandsschichten. Durchlässiges Material ermöglicht die Evaporation von Feuchtigkeit aus der sekundären Schicht und fördert so einen trockenen Verband. Allerdings können auch exogene Feuchtigkeit und Bakterien eindringen. Elastische Binden passen den Verband gut der Gliedmaße an, können jedoch zu eng gewickelt werden und führen dann zu Durchblutungsstörungen bis hin zu Nekrosen.

4.2.3 Druckentlastung der Ballen

Indikationen

Wunden der Zehen und/oder metakarpalen/metatarsalen Ballen können Schürf-, Abrasions- oder Stichverletzungen sein, Verbrennungen, Verätzungen oder Folge einer Tumoroperation. Solche Wunden brauchen spezielle Voraussetzungen für eine adäquate Heilung. Druck auf die Ballen und die Bewegung müssen minimiert oder verhindert werden. Die Ballen dienen der Abfederung der Stoßkräfte und des Gewichtes bei der Fußung, diese Kräfte führen zum Auseinanderweichen der Wundränder bzw. bei genähten Wunden zum Einschneiden der Fäden in das Gewebe, dies erschwert die Heilung. Es sind daher Techniken nötig, um diese Kräfte über den Verband zu reduzieren, bei kleinen Lazerationen ebenso wie bei komplizierteren Transplantationen.

Technik – Einfache Wunden bei kleinen bis mittelgroßen Hunden

Metakarpal-/Metatarsalballen

Ein *donut pad* aus Schaumstoffpolster kann zur Druckentlastung bei kleineren offenen oder genähten Wunden verwendet werden.

- Ein Schaumstoffpolster mittlerer Kompressibilität (blaues Polster, Confor™foam) wird auf Größe und Form der Pfote zugeschnitten (dorsaler bzw. palmarer/plantarer Umriss). Das Schaumstoffpolster wird in der Dicke mit einer Rasier-/Skalpellklinge halbiert, sodass es etwa 1,25 cm stark ist. Über der Ballenwunde wird ein Loch in das Polster geschnitten.
- Die Wundauflage und zwei bis drei Wickeltouren des sekundären Verbandsmaterials werden angelegt, dann wird das Schaumstoff-*donut pad* auf der plantaren/palmaren Seite über Metakarpal- bzw. Metatarsalballen platziert (Abb. 4.52).

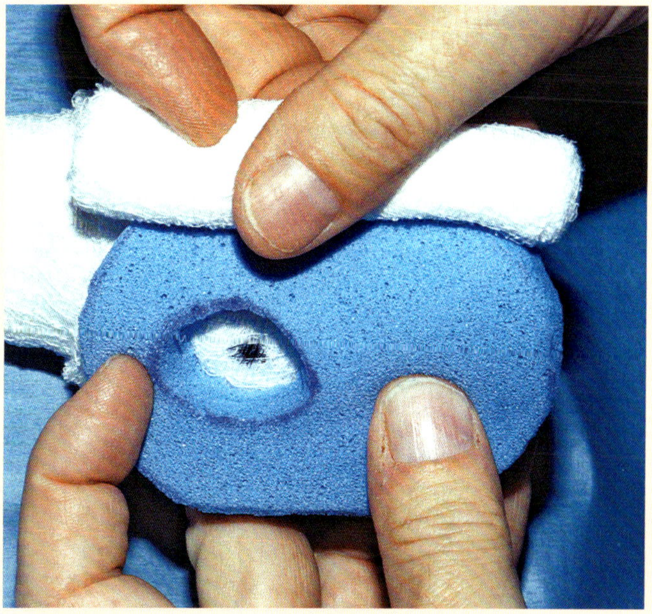

Abb. 4.52

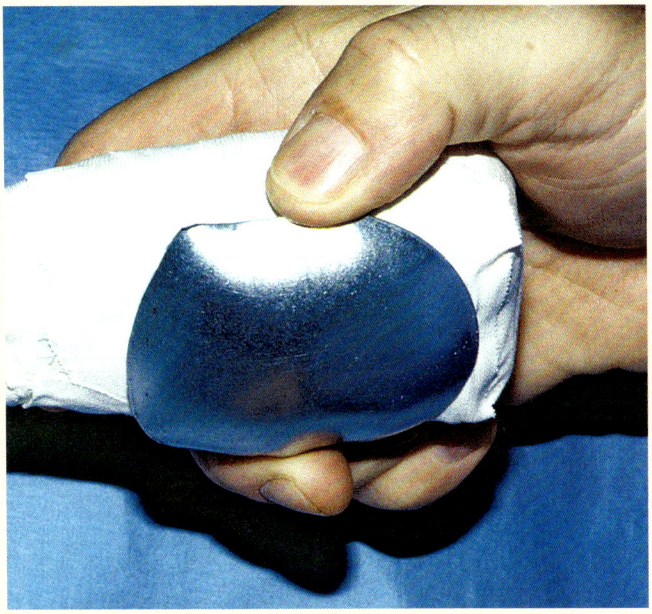

Abb. 4.53

- Weitere zwei bis drei Touren sekundären Verbandsmaterials fixieren das Polster.
- Zur weiteren Druckentlastung kann ein Stück Mason Metaschiene in den Verband unterhalb des Polsters eingebracht werden (Abb. 4.53).
- Die dritte Verbandsschicht wird appliziert.

Abb. 4.54

Zehenballen

Ein Schaumstoffpolster kann zur Druckentlastung der Zehenballen bei kleineren offenen oder genähten Wunden oder bei orthopädischen Zehenläsionen eingesetzt werden.

- Ein Stück Schaumstoffpolster mittlerer Kompressibilität (blaues Polster, Confor^{TM}foam) wird dreieckig auf annähernd die Größe des Metakarpal-/Metatarsalballens zugeschnitten. Das Schaumstoffpolster wird in der Dicke mit einer Rasier-/Skalpellklinge halbiert, sodass es etwa 1,25 cm stark ist.
- Die Wundauflage und zwei bis drei Wickeltouren des sekundären Verbandsmaterials werden angelegt.
- Das dreieckige Polster wird unter dem Metakarpal-/Metatarsalballen platziert (Abb. 4.54).
- Weitere zwei bis drei Touren sekundären Verbandsmaterials fixieren das Polster.
- Zur weiteren Druckentlastung kann ein Stück Mason Metaschiene in den Verband unterhalb des Polsters eingebracht werden (Abb. 4.53).
- Die dritte Verbandsschicht wird appliziert.

Nachsorge – Einfache Wunden bei kleinen bis mittelgroßen Hunden

Zum Verbandswechsel wird der gesamte Verband entfernt. Das Schaumstoffpolster wird für den neuen Verband aufgehoben und wiederverwendet. Wenn Wundflüssigkeit vom Polster aufgesogen wird, ist es sinnvoll zwei Polster anzufertigen. So kann jeweils das eine Polster mit antiseptischer Lösung gewaschen werden und trocken beim nächsten Verbandswechsel wieder verwendet werden.

Vorteile und Komplikationen – Einfache Wunden bei kleinen bis mittelgroßen Hunden

Der Vorteil des Schaumstoffpolsters ist die Druckentlastung jeglicher Ballenverletzung. Beim *donut pad* für Metakarpal-/Metatarsalballen wird der Druck auf das Gebiet um die Wunde herum verteilt, statt auf ihr zu lasten (Abb. 4.55 A). Beim dreieckigen Polster unter dem Metakarpal-/Metatarsalballen wird die Entlastung dadurch erreicht, dass die Zehen vom Boden abgehoben werden (Abb. 4.55 B).

Das dreieckige Polster kann bei Belastung des Verbandes verrutschen. Um dies zu verhindern kann das Polster an der Ballenseite leicht konkav gestaltet werden.

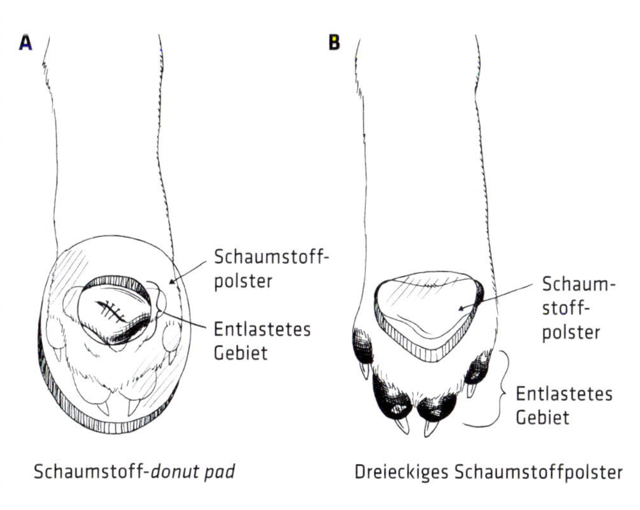

Abb. 4.55 A und B: Druckentlastung am Ballen. (A) Metakarpal-/Metatarsalballenentlastung. (B) Zehenballenentlastung.

Technik – Größere rekonstruktive oder erhaltende Eingriffe an der Pfote, insbesondere bei großen Hunden

Clamshell-Splint

Der Clamshell-Splint kann zur Ballenentlastung nach größeren rekonstruktiven oder erhaltenden Eingriffen wie z. B. Ballentransplantationen (*phalangeal fillet*) oder Ballenhauttransplantationen eingesetzt werden. Solche Schienungen sind vor allem bei großen Hunden angezeigt.

- Ein einfacher Pfotenverband und Verband der distalen Gliedmaße wird appliziert. Die sekundäre Verbandsschicht wird bis zum Level des Ellbogen-/Sprunggelenks verstärkt, um einen über seine gesamte Länge gleichmäßig dicken Verband zu erhalten.

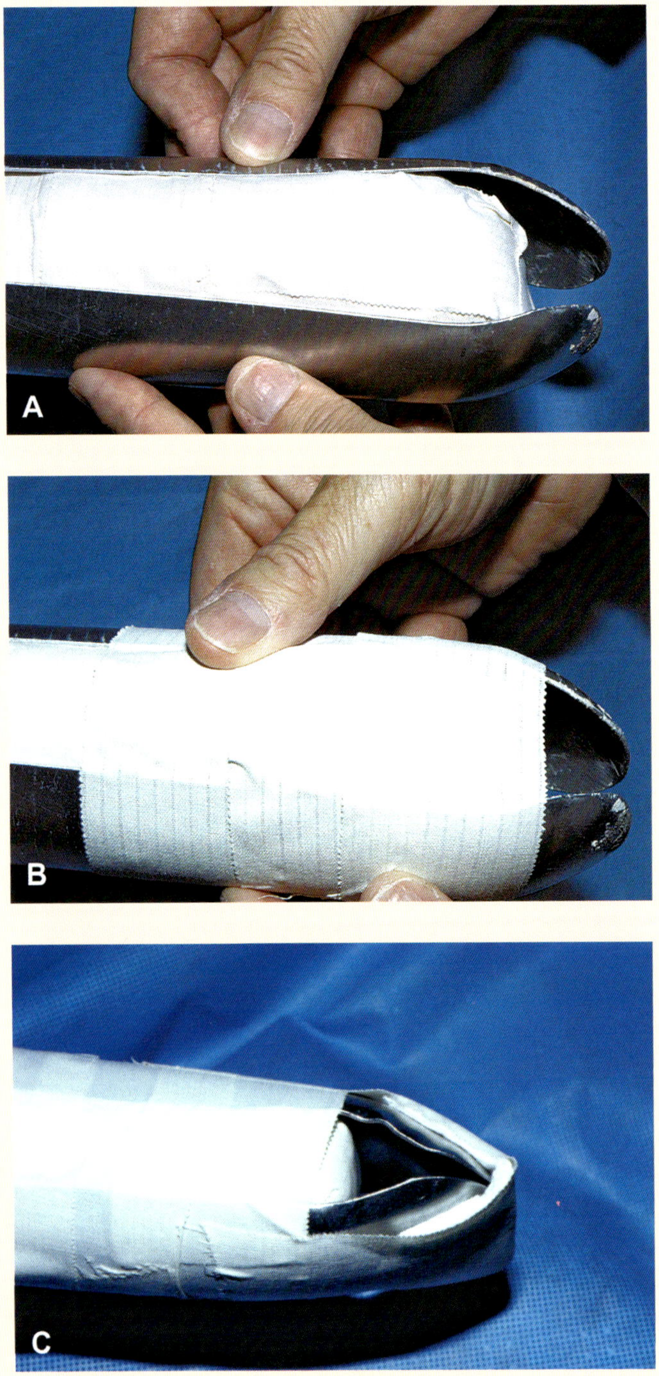

Abb. 4.56 A bis C

- Die dritte Verbandsschicht aus Pflasterstreifen wird angelegt.
- Zwei Metallschienen mit löffelartig geformtem Ende in der passenden Größe werden auf gegenüberliegenden Seiten des Verbandes platziert. An der Vordergliedmaße sollten die Schienen bis fast zum Ellbogen reichen, an der Hintergliedmaße bis fast an das Sprunggelenk. In der Regel werden die Schienen dorsal und volar auf dem Verband platziert, sie können aber auch seitlich angebracht werden. Die mediolaterale Befestigung ist vor allem an der Hintergliedmaße angezeigt, wo die Schienen ans Sprunggelenk reichen. So wird die Irritation der Haut durch das obere Schienenende vermieden, die an der Flexorenseite (dorsal) durch Druck entstehen kann. Alternativ kann ein modifizierter Clamshell-Splint (*one-half-„clamshell"-splint*, s. u.) verwendet werden. Bei einem großen Hund bietet die mediolaterale Platzierung mehr Stabilität. Die Schienen werden mit einander zugewandten Pfotenmulden angebracht und überragen die Pfote um etwa 2,5–4 cm (Abb. 4.56 A).
- Die Schienen werden mit Streifen 5 cm breiten Pflasters befestigt (Abb. 4.56 B). Für die tertiäre Verbandsschicht und die Fixierung der Schienen muss Pflaster verwendet werden. Die Adhäsion an den Kontaktflächen des Pflasters verhindert ein Verrutschen der Schienen bei Belastung.
- Eine Polsterung, z. B. zwei oder drei Gazetampons, sollten über die freien Enden der Schienen geklebt werden, um die Schienen vor Abschliff und den Fußboden/Teppich des Halters vor Beschädigung zu schützen (Abb. 4.56 C).

Modifizierter Clamshell-Splint

Der modifizierte Clamshell-Splint (*one-half-„clamshell"-splint*) wird zur Ballenentlastung nach größeren rekonstruktiven oder erhaltenden Eingriffen an der Beckengliedmaße, wie Ballentransplantationen (*phalangeal fillet*) oder Ballenhauttransplantationen, eingesetzt. Er verhindert die Irritation der Haut an der Kranialseite des Sprunggelenkes, die bei einem vollen Clamshell-Splint durch das obere Ende der Schienen auftreten kann, wenn der Hund die Schiene belastet.

- Die Technik ist dieselbe wie beim Clamshell-Splint, es wird jedoch keine Schiene auf der Dorsalfläche der Hintergliedmaße befestigt.
- Der Überstand der Schiene am Distalende der Gliedmaße sollte geringer sein als beim vollen Clamshell-Splint, um die Stabilität zu gewährleisten (Abb. 4.57).

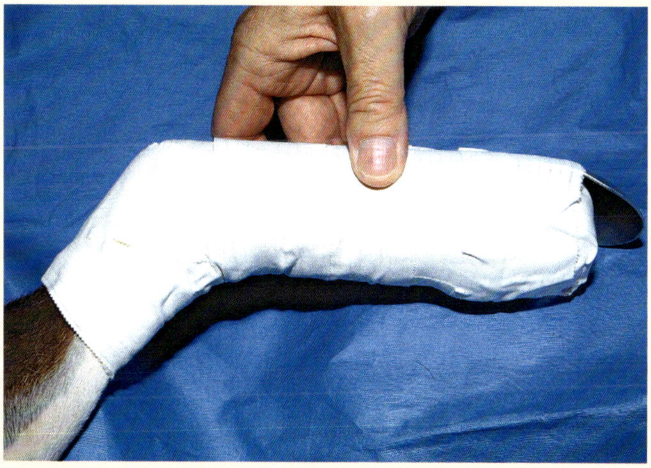

Abb. 4.57

Nachsorge – Größere rekonstruktive oder erhaltende Eingriffe an der Pfote, insbesondere bei großen Hunden

Beim Verbandswechsel wird am Vorderbein der Zustand des Karpalballens bewertet. Bei Anzeichen von Druckschäden muss das *donut pad* für den Ballen verstärkt werden.

An der Hintergliedmaße wird die Flexorenseite des Tarsus auf Druckläsionen durch das Proximalende der dorsalen Schiene untersucht. Gegebenenfalls wird diese Schiene dann weggelassen. Je nach klinischer Erfordernis wird ein modifizierter (*one-half-*) Clamshell-Splint angebracht. Ist jedoch die volle Stütze einer vollwertigen Schienung nötig, z. B. beim großen Hund, können die Schienen medial und lateral platziert werden.

Vorteile und Komplikationen – Größere rekonstruktive oder erhaltende Eingriffe an der Pfote, insbesondere bei großen Hunden

Clamshell-Splints bringen die Gliedmaße in eine Zehengänger-Position und bieten so maximale Entlastung und fördern die Heilung. Diese Schienung ist besonders bei großen Hunden angezeigt, deren Gewicht ansonsten die Wundregion erheblich belasten würde. Der modifizierte Clamshell-Splint hat dieselbe Wirkung, verhindert aber die Hautreizung, die an der Flexorenseite des Tarsus auftreten kann.

Nachteilig ist die mögliche Druckbelastung des Karpalballens bei unzureichender Polsterung. Ein modifizierter Clamshell-Splint bietet geringere Stütze als eine volle Schienung.

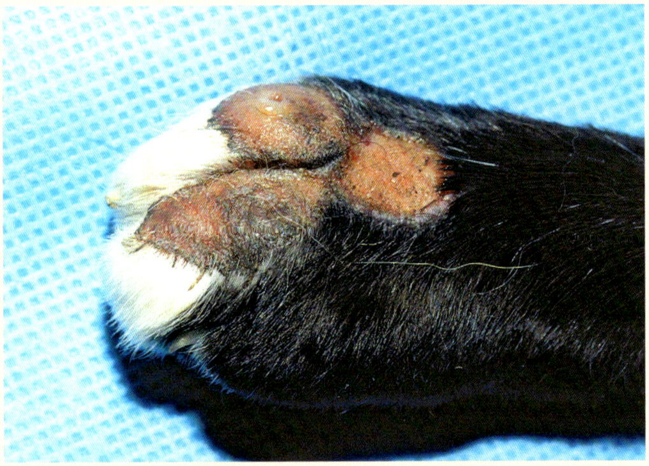

Abb. 4.58: Beispiel einer Druck-/Abrasionsläsion am Pfotenrücken, bei der ein Druckentlastungsverband der Pfote indiziert ist.

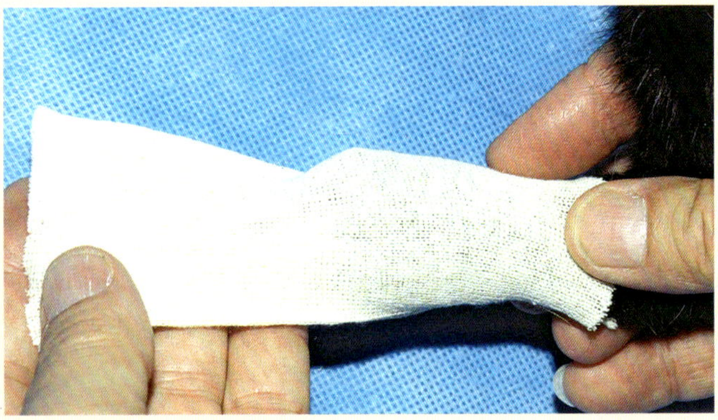

Abb. 4.59

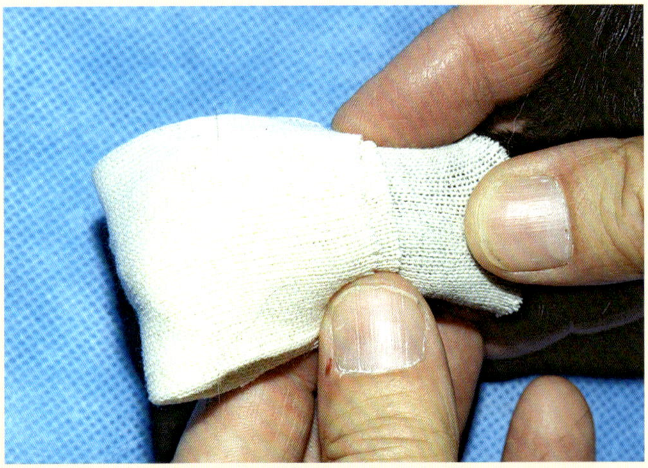

Abb. 4.60

4.2.4 Druckentlastung des Pfotenrückens

Indikationen

Bei kleinen Hunden und Katzen kann ein Stockinetten-Polsterverband für das vorübergehende Abdecken und Polstern der Pfoten verwendet werden.

Die Abdeckung ist als Schutz vor Abrasions- und Druckläsionen bei temporär abnormaler Fußung angezeigt, die auf einer Schädigung der peripheren Nerven mit Aussicht auf Regeneration beruht (Neuropraxie, Abb. 4.58). Es gibt unterschiedliche kommerzielle Schienen und Stützen. Der Autor (S. F. Swaim) verwendet jedoch den nachstehend beschriebenen Verband bei kleinen Hunden und Katzen.

Technik

- Ein Stück Baumwoll- oder synthetische Stockinette mit 5 cm Durchmesser wird bis zum proximalen Metakarpus/Metatarsus über die distale Gliedmaße gezogen. Es sollte einen Überstand von etwa 2,5–5 cm über die Zehen hinaus geben (Abb. 4.59).

- Das freie Ende der Stockinette wird auf die Pfote zurückgeschlagen, bei einer Läsion auf dem Pfotenrücken nach dorsal, bei einer Läsion an der volaren Seite dorthin (Abb. 4.60).

- Das distale Ende der Stockinette wird durch eine Wickeltoure mit 2,5 cm breitem Pflaster fixiert, ebenso das proximale Ende der Stockinette. Hierbei haftet das Pflaster etwa zur Hälfte auf Haut und/oder Fell und zur Hälfte auf der Stockinette. Dieser Streifen kann den ersten Pflasterstreifen überlappen (Abb. 4.61).

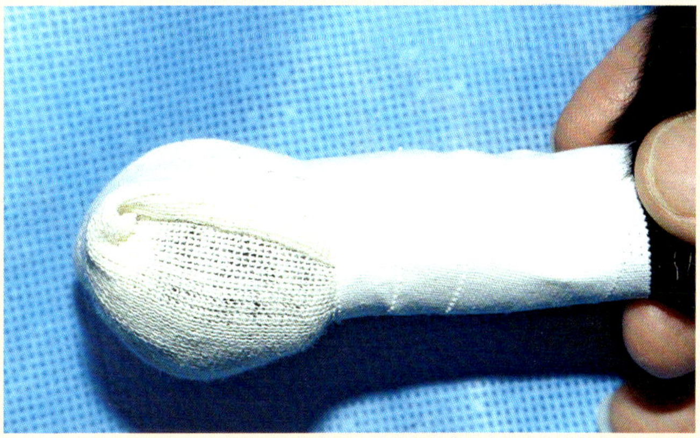

Abb. 4.61

Nachsorge

Die Bewegung des Tieres sollte eingeschränkt und auf weiche Untergründe beschränkt sein. Es ist wichtig, die Stockinette trocken und sauber zu halten. Der Verband sollte regelmäßig auf Abnutzung an der belasteten Stelle untersucht werden, ggf. ist ein Verbandswechsel vorzunehmen. Ein Stück wasserdichtes Pflaster kann über die belastete Stelle geklebt werden, um die Lebensdauer des Verbandes zu verlängern und häufige Verbandswechsel zu vermeiden.

Vorteile und Komplikationen

Diese günstige Art des Verbandes bedeckt bei kleinen Hunden und Katzen die Läsion mit drei Lagen des Stockinettenmaterials, bis sich die Fußung nach erfolgter Nervenregeneration wieder normalisiert. Sie ist jedoch nicht ausreichend für die Belastung, die ein größerer Hund auf den Verband ausübt.

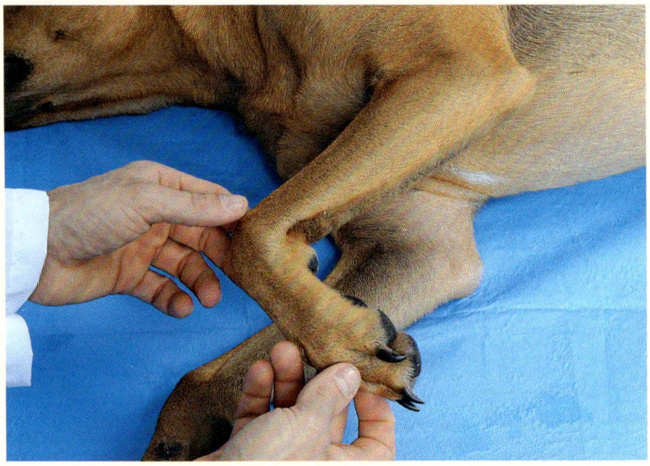
Abb. 4.62

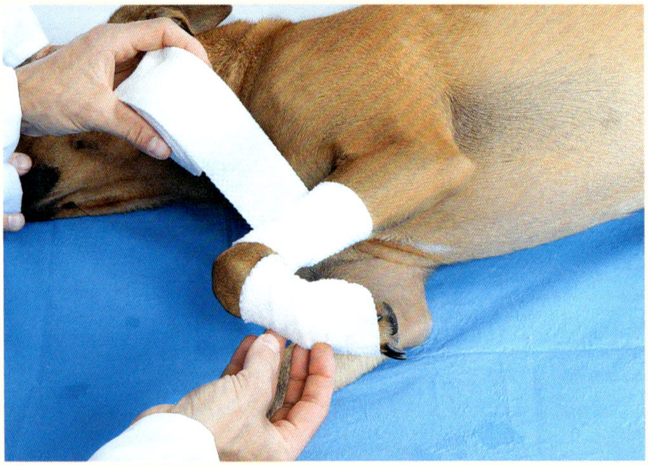
Abb. 4.63

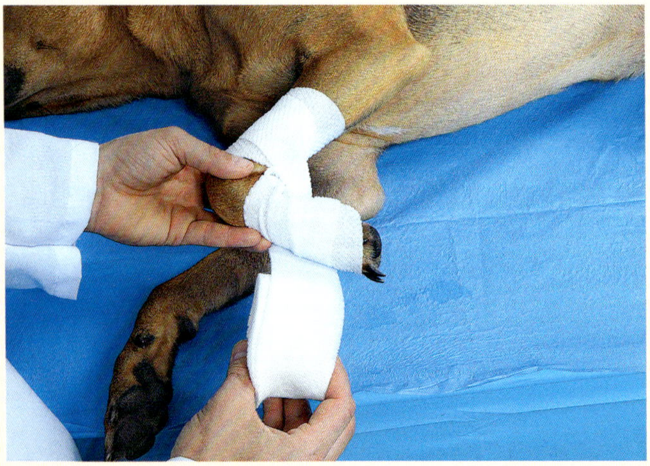
Abb. 4.64

4.2.5 Karpalschlinge

Indikationen

Die Karpalschlinge wird zur vorübergehenden Verhinderung einer Gewichtsbelastung der Vordergliedmaße angewandt, ohne dass die gesamte Gliedmaße immobilisiert werden muss. Ein orthopädisches Beispiel ist eine geheilte Fraktur, die aber einer direkte Gehbelastung noch nicht standhalt. Weichteilbeispiele sind rekonstruktive Eingriffe oder Wundbehandlungen an der Pfote. Die Schlinge erlaubt die Flexion und Extension von Ellbogen und Schulter, hindert aber die Pfote am Bodenkontakt.

Technik

- Das Tier wird in Seitenlage mit der betroffenen Gliedmaße nach oben verbracht. Der Karpus wird palpiert, um eine Schmerzhaftigkeit der Beugung des Gelenkes auszuschließen (Abb. 4.62). Viele Hunde verlieren mit dem Alter die Beweglichkeit des Karpalgelenkes, eine Beugung über längere Zeit kann daher schmerzhaft sein.
- Der Karpus wird bis max. 90° gebeugt, eine exzessive Beugung wäre für das Tier unangenehm. Eine Schicht Polsterwatte wird an Pfote und distaler Gliedmaße in Form einer Achterschlinge angebracht, wobei ein Zuviel an Material am Gelenk vermieden werden sollte. Die mittleren beiden Zehen können freigelassen werden, um bei der Nachsorge Schwellungen zu erkennen (Abb. 4.63–64).

- Gaze wird als Sekundärschicht verwendet, wobei starker Zug und Spannungen vermieden werden (Abb. 4.65).

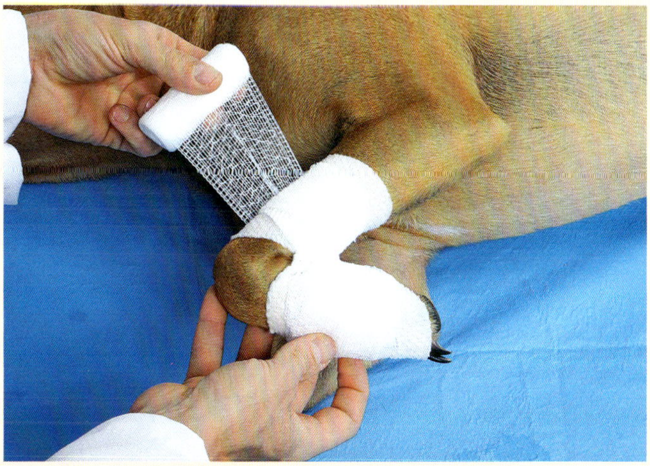

Abb. 4.65

- 5 cm breites Pflaster wird ebenfalls in Achterschlingen ohne Spannung gewickelt (Abb. 4.66), am Schluss wird eine Toure um den gesamten Verband geklebt (Abb. 4.67).

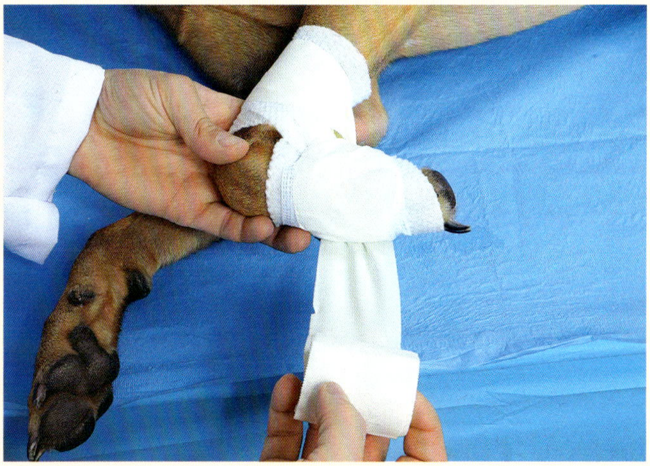

Abb. 4.66

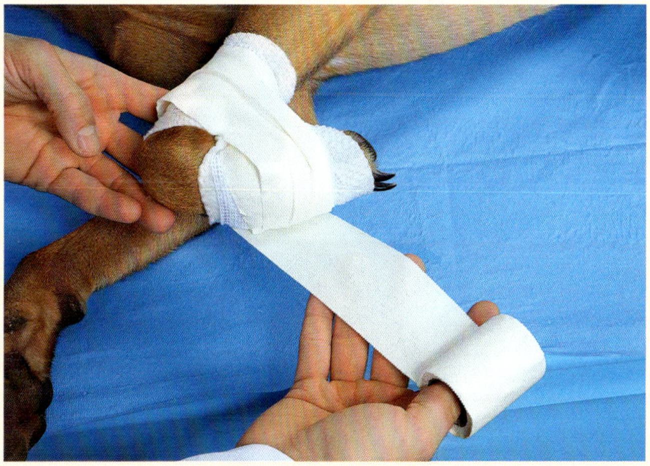

Abb. 4.67

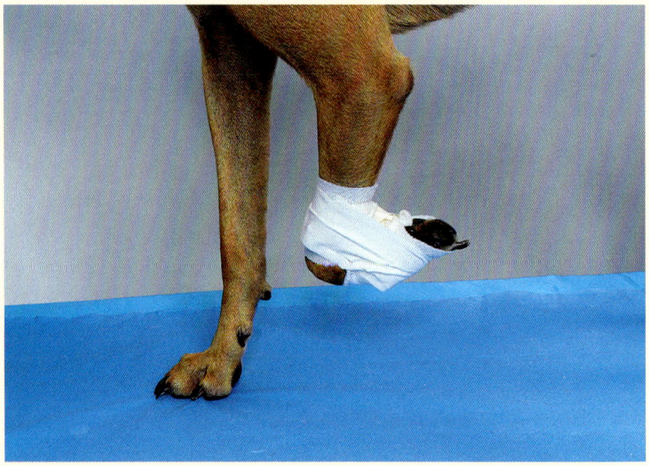

Abb. 4.68

- Das Tier sollte dann bequem stehen können, ohne dass die Karpalschlinge abrutscht (Abb. 4.68).

Nachsorge

Bei der Nachsorge wird darauf geachtet, dass die Zehen nicht anschwellen und der Verband nicht verrutscht. Die Karpalschlinge sollte nicht länger als zwei Wochen verwendet werden, in dieser Zeit wird sie zweimal täglich kontrolliert. Falls die Schlinge im Rahmen einer Ballenverletzung verwendet wird, muss sie regelmäßig erneuert werden, um die Wundbehandlung zu ermöglichen.

Vorteile und Komplikationen

Bewegung ist für die Gesundheit von Gelenken wichtig. Diese Schlinge erlaubt die Bewegung von Ellbogen- und Schultergelenk, dies ist nach der Behandlung einer Ellbogengelenkfraktur hilfreich. Die Schlinge führt zu einer gewissen Steifigkeit im Karpalgelenk nach Entfernung des Verbandes. Sie sollte daher nicht länger als zwei Wochen belassen werden. Das Tier könnte die Schlinge distal abschieben, dies kann aber durch ausreichende Flexion des Gelenkes und sachgerechte Achterschlingen verhindert werden.

4.2.6 Einfache Schienung der Vordergliedmaße

Die Informationen zur Schienung der Vordergliedmaße gelten ebenso für die Hintergliedmaße.

Indikationen

Schienen werden für eine Vielzahl von Zwecken genutzt, wie Stabilisierung bei Frakturen und Bänderschäden oder zum Schutz nach chirurgischen Eingriffen wie z. B. Hauttransplantationen über Gelenken.

Technik

Die Abbildungen zeigen eine Schienung der Vordergliedmaße, die Prinzipien sind jedoch dieselben für die Hintergliedmaße. Schienen können von verschiedenen Herstellern gekauft werden oder aus Fiberglas oder thermoplastischem Kunststoff maßgefertigt werden.

- Die ersten Schritte der Schienung sind dieselben wie beim Anlegen eines Polsterverbandes (s. Kap. 4.2.1), bis zur Applikation der Gaze. Die äußere Verbandsschicht wird nicht angelegt.
- Nach Applikation der Gaze wird eine passende Schiene gewählt. Wenn ein kommerzielles Produkt verwendet wird, ob aus Plastik oder Aluminium, muss es zur Größe des Tieres und dem Umfang der Polsterung passen (Abb. 4.69–70). Die Länge der Schiene muss ggf. angepasst werden.
- Die Schiene wird dann mit Gaze an der Gliedmaße fixiert (Abb. 4.71–72). Die verwendete Gaze sollte nicht dehnbar sein und fest aber ohne Zug gewickelt werden.

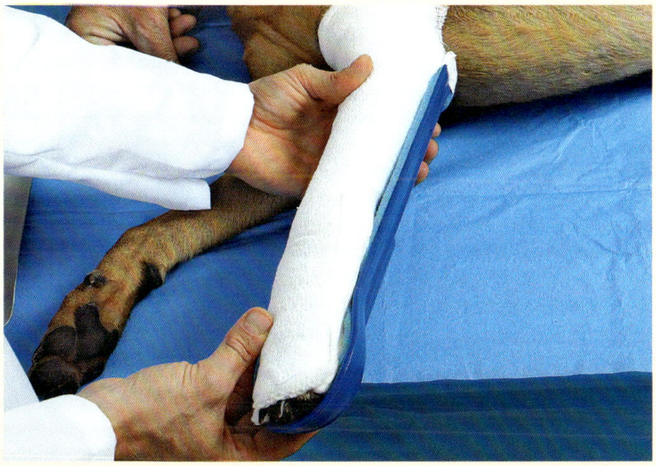

Abb. 4.69

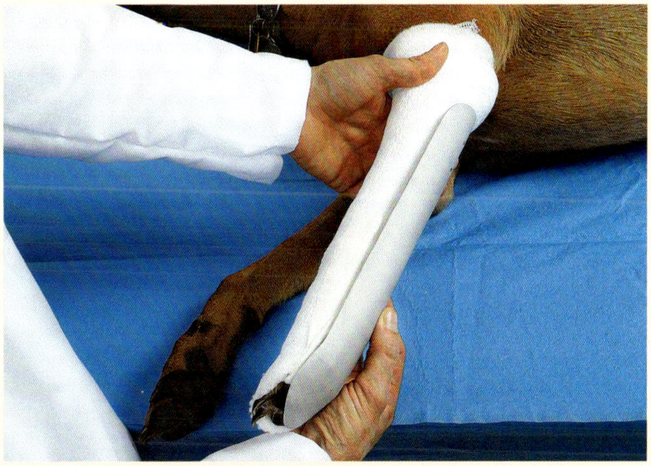

Abb. 4.70

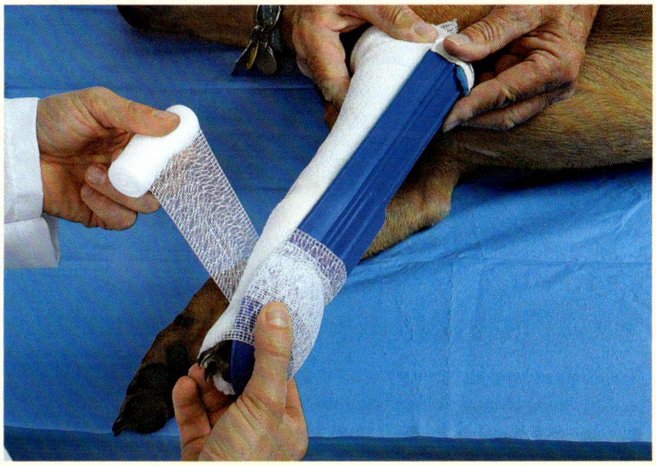

Abb. 4.71

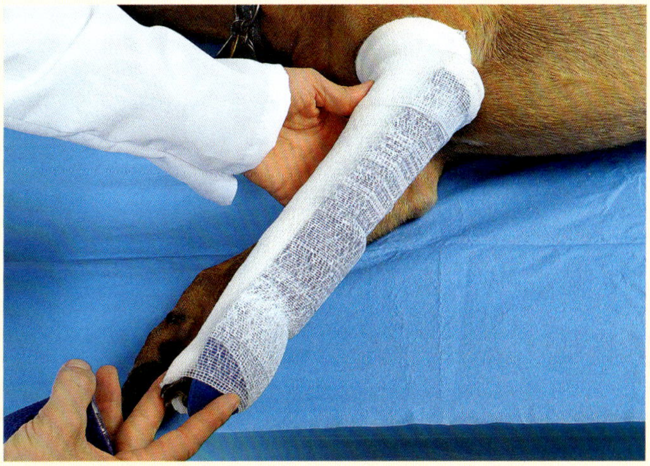

Abb. 4.72

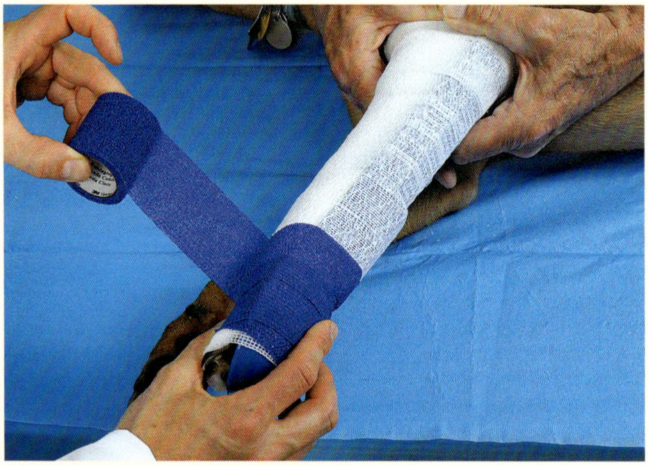

Abb. 4.73

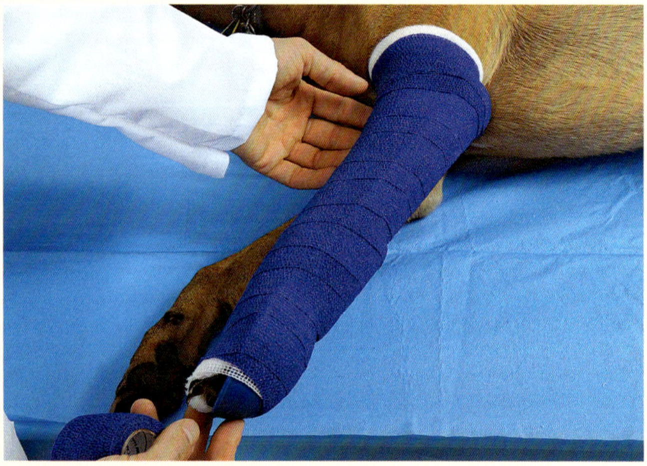

Abb. 4.74

- Eine äußere schützende Lage wird mit 5 cm breitem permeablem Pflaster oder einer elastischen Binde gewickelt (Abb. 4.73–74).
- Für einen Fiberglasstützverband (Kunstgips, *casting tape*) sind die initialen Schritte wieder dieselben. Die Breite des Materials sollte mindestens einem Drittel des Beinumfangs entsprechen. Das *casting tape* kann als Rolle befeuchtet und dann bei der Applikation am Bein abgewickelt werden, oder es wird erst auf einer glatten Unterlage abgerollt und befeuchtet. In beiden Fällen ist es wichtig, das Material beim Abrollen nicht zu dehnen, da es sich langsam wieder zusammenzieht und so die Schiene verkürzt. Je wärmer das Wasser zur Befeuchtung des Kunstgipses, desto schneller erfolgt die Aushärtung. Daher sollten Anfänger kühleres Wasser verwenden. Am besten werden bei der Handhabung des *casting tape* Handschuhe getragen, damit das Kunstharz nicht auf der Haut haftet.

- Wenn das *casting tape* auf der Rolle befeuchtet wird, sollte das Wasser vor dem Formen der Schiene die Materialrolle komplett durchdringen. Wird die Rolle aufrecht ins Wasser getaucht und langsam wieder herausgenommen, kann das Wasser die Rolle gut durchnässen. Überflüssiges Wasser wird herausgedrückt, um ein Durchfeuchten des unterliegenen Polsterverbandes zu vermeiden (Abb. 4.75–76).

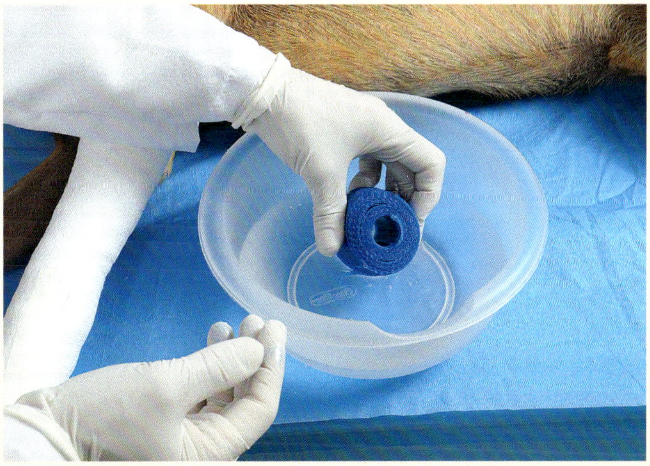

Abb. 4.75

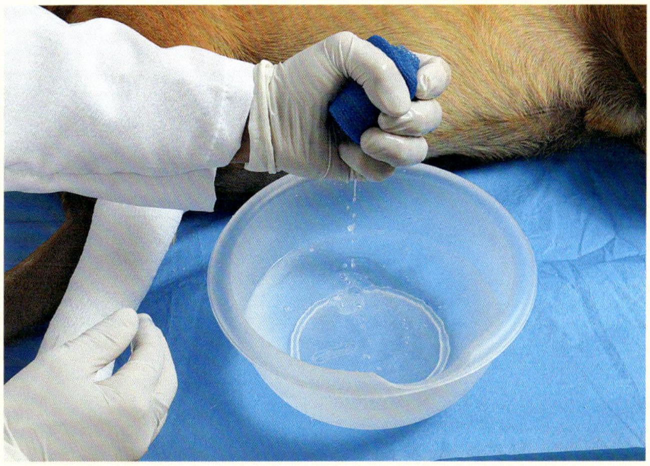

Abb. 4.76

- Das Ende des *casting tape* wird an einem Ende des Verbandes festgehalten, dann werden über die Länge des Verbandes mehrere Lagen Fiberglas durch Auf- und Abrollen der Materialrolle angebracht (Abb. 4.77), bis eine ausreichende Materialstärke erreicht ist. Dann wird das *casting tape* abgeschnitten.

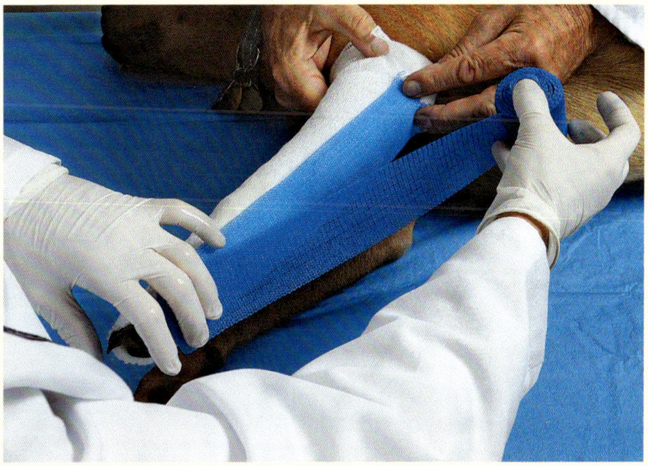

Abb. 4.77

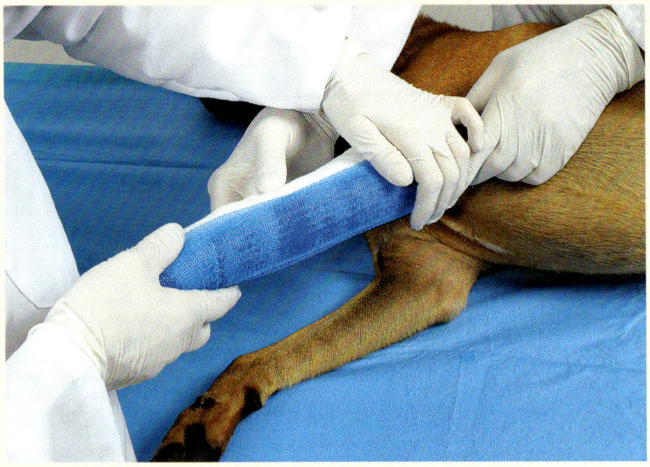

Abb. 4.78

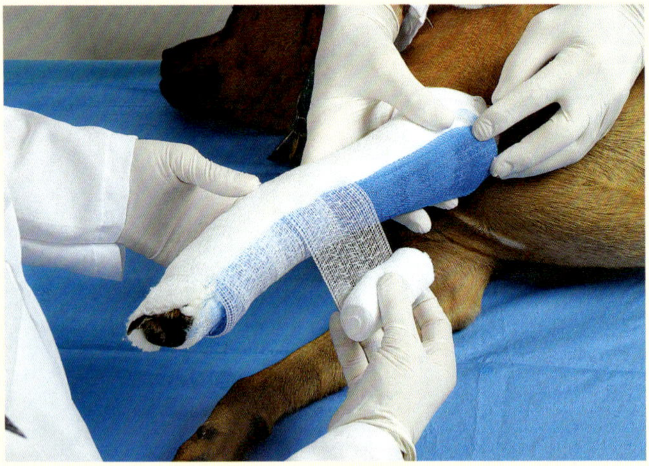

Abb. 4.79

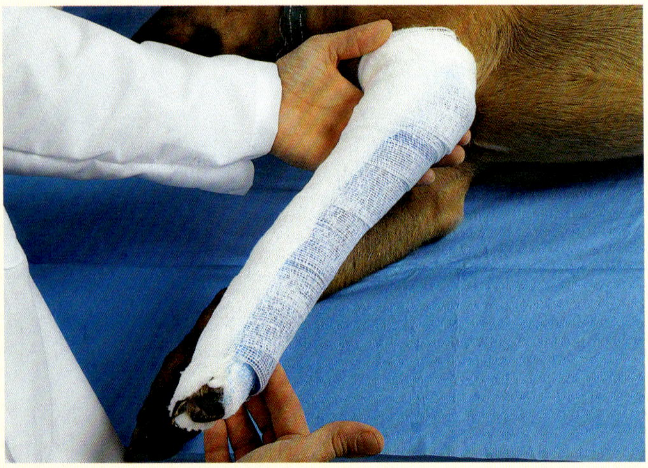

Abb. 4.80

- Der Kunstgips wird sorgfältig der Gliedmaße angepasst (Abb. 4.78), mit Gaze wird er dann am Bein befestigt, ehe das Fiberglas aushärtet (Abb. 4.79–80). Die Fiberglaslagen müssen sich gut miteinander verbinden, daher muss während der Aushärtung eine Bewegung des Patienten und der Schiene unterbleiben. Auch Druck auf den erhärtenden Kunststoff durch Finger oder Tischkanten muss vermieden werden, um Eindellungen zu verhindern, die in Druckläsionen resultieren können.

- Nach der Aushärtung der Schiene wird eine schützende äußere Schicht aus 5 cm breitem permeablen Pflaster oder einer elastischen Binde appliziert (Abb. 4.81).

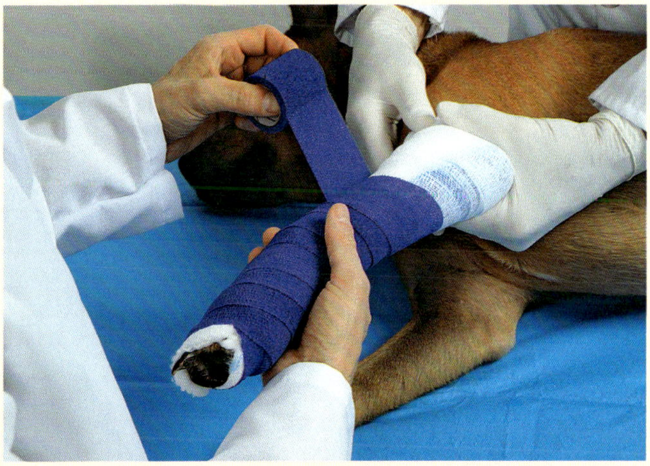

Abb. 4.81

- Beim Verbandswechsel kann die Schiene wiederverwendet werden, wenn ihr Zustand es zulässt (Abb. 4.82).

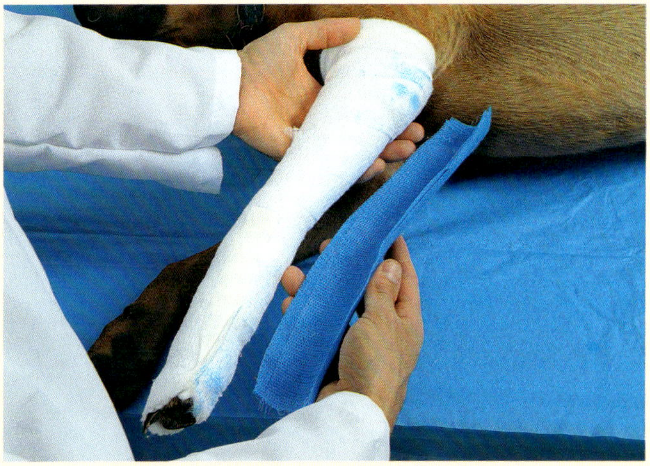

Abb. 4.82

Nachsorge

Verband und Schienung sollten sorgfältig überwacht werden. Sie müssen trocken und sauber gehalten werden, das Tier sollte weder daran lecken noch kauen. Die beiden freien Zehen sollten auf Schwellungen (Trennung der Zehen) als Zeichen eines zu engen Verbandes überprüft werden, ggf. muss der Verband gewechselt werden. Ein Tierarzt ist hinzuzuziehen, wenn der Gebrauch der Gliedmaße abnimmt. Wird eine nässende Wunde mit Verband und Schienung behandelt, ist ein regelmäßiger Verbandswechsel erforderlich (s. Kap. 4.2.1).

Vorteile und Komplikationen

Der gepolsterte Anteil des Verbandes ist einfach herzustellen und bietet Unterstützung und Schutz bei einer Vielzahl von Indikationen. Das Hinzufügen einer Schiene bietet eine gewisse zusätzliche Stabilität, sie ist einfach anzubringen und zu entfernen. Die Kombination von Verband und Schiene ist eine gute Möglichkeit Gelenke ruhigzustellen, wenn die Wundbehandlung dies erfordert.

Allgemeine Komplikationen bestehen im Verrutschen von Verband und/oder Schiene, Druckläsionen und Mutilationen durch das Tier. Bei entsprechendem Verdacht muss ein Verbandswechsel erfolgen. Jeder Bereich des Verbandes hat spezifische Vor- und Nachteile (s. Kap. 4.2.1).

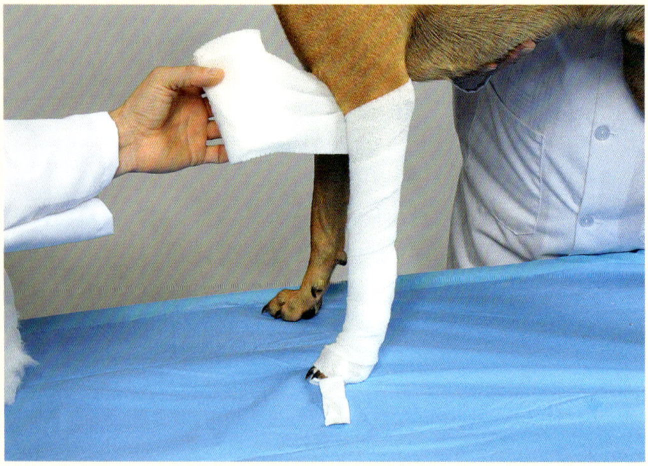

Abb. 4.83

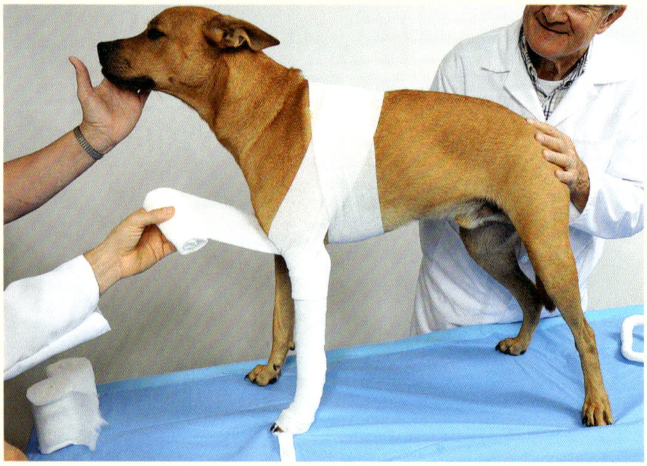

Abb. 4.84

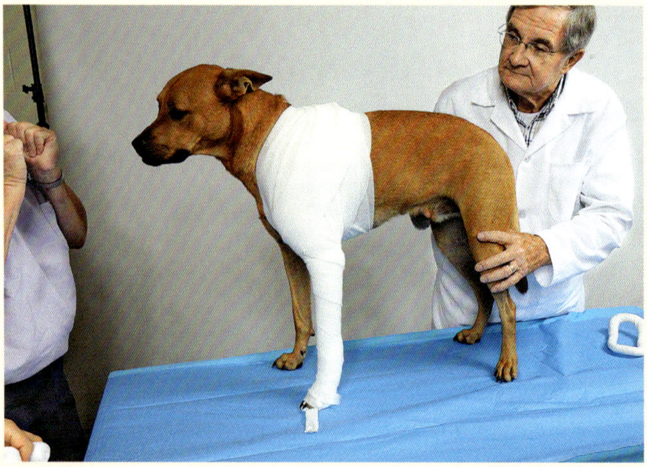

Abb. 4.85

4.2.7 Einfacher Gips-/Castverband der Vordergliedmaße

Die Informationen über Gips-/Castverbände der Hintergliedmaße (s. Kap. 4.3.3) gelten ebenso für die Vordergliedmaße.

4.2.8 Spica-Verband mit lateraler Schienung

Indikationen

Der Spica-Verband mit lateraler Schienung (*spica splint*) ist eine Methode, die gesamte Vordergliedmaße in Streckstellung zu immobilisieren. Er wird zur moderaten Ruhigstellung der Gliedmaße, insbesondere des Oberarmbereiches, angewandt. Indikationen sind beispielsweise Skapulafrakturen oder die chirurgische Stabilisation von Ellbogenluxationen. Außerdem ist der Spica-Verband mit Schienung bei der konservativen Behandlung von lateralen Schulterluxationen oder zur Stabilisation nach operativen Eingriffen angezeigt. Er ist hingegen nicht für mediale Schulterluxationen zu empfehlen.

Bei Weichteilläsionen ist der *spica splint* vor allem bei Wunden über dem Ellbogengelenk anzuwenden, wie Ellbogenhygrome und offene oder verschlossene Wunden über dem Olecranon. Die Wundheilung in diesem Bereich erfordert Streckung und Immobilisation, die diese Verbandsart bietet. Die Streckung hindert das Tier an der Beugung des Ellbogengelenks und somit an der Sternallage, wodurch Druck auf den Wundbereich käme. Die Immobilisation verhindert Gewebebewegung, sodass die Wunde heilen kann.

Technik

Für den *spica splint* werden die üblichen Verbandsmaterialien und entweder *casting tape* oder Aluminiumstäbe verwendet. Verband und Schiene können entweder am stehenden oder in Seitenlage mit der betroffenen Gliedmaße nach oben gelagerten Tier appliziert werden. Im Allgemeinen ist die Applikation am stehenden Tier einfacher, erfordert aber eine gewisse Kooperation des Patienten. Befindet sich das Tier in Seitenlage, so muss es beim Wickeln des Verbandsmaterials um den Thorax immer wieder aufgerichtet werden. Am anästhesierten Tier muss eine zu straffe Verbandsapplikation vermieden werden, die die Atembewegung und Atmung behindert.

- Die Applikation des *spica splint* beginnt mit mehreren Lagen Polsterwatte. Ebenso wie beim Polsterverband wird der Verband an den Zehen begonnen und proximal gewickelt (Abb. 4.83).
- Die Polsterwatte wird dann über den Rücken und um den Thorax des Tieres weitergeführt, sowohl vor als auch hinter der Gliedmaße (Abb. 4.84–85).

- Bei jeder Lage muss eine zu straffe Wickelung um den Thorax vermieden werden. Nach zwei bis drei Lagen Polsterwatte wird der Verband mit einer Lage Gaze gesichert (Abb. 4.86).

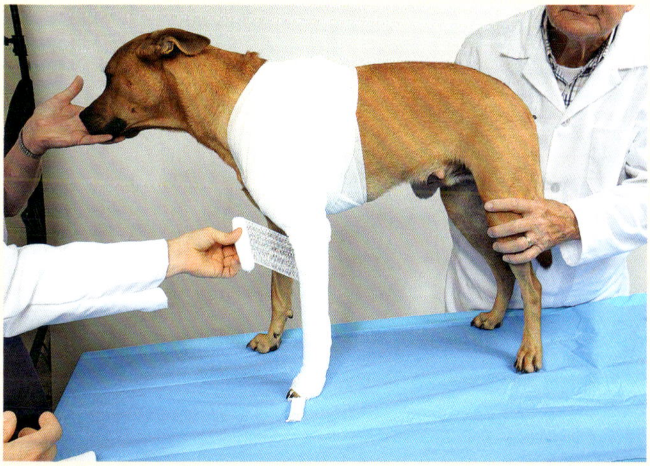

Abb. 4.86

- *Casting tape* ist das geeignetste Material für die Schiene. Es kann vor dem Anfeuchten auf die erforderliche Länge – von den Zehen bis über die Schulter – abgerollt werden oder wie hier gezeigt direkt am Patienten abgespult werden (Abb. 4.87). Alternativ kann ein Aluminiumstab in Form einer länglichen Schlaufe umgebogen werden, die von den Zehen bis über die Schulter reicht. Das Material wird dann so gut wie möglich den lateralen Kurvaturen des Beins angepasst.

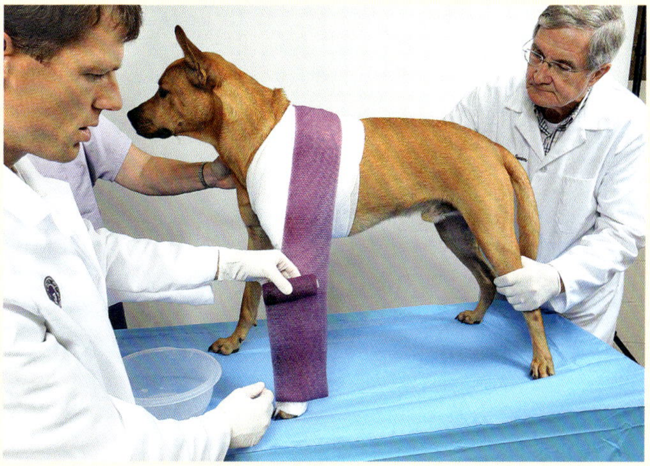

Abb. 4.87

- Das *casting tape* reicht über den Rücken und etwas auf der gegenüberliegenden Thoraxseite hinab, um eine adäquate Immobilisation der Gliedmaße zu erreichen (Abb. 4.88).

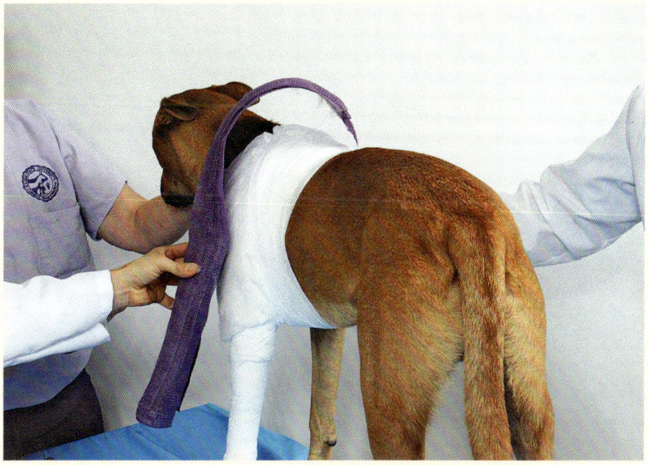

Abb. 4.88

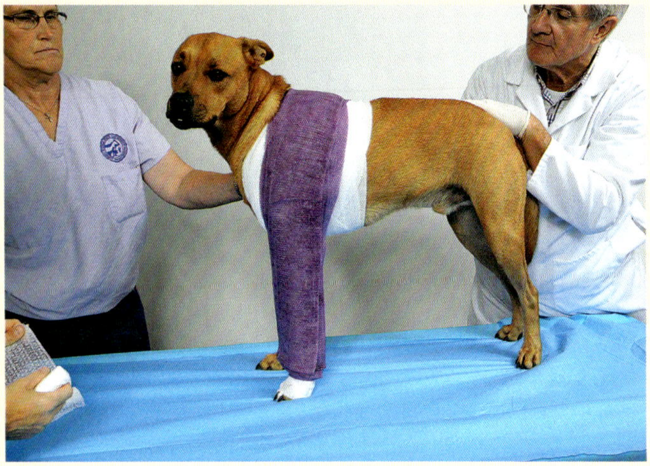

Abb. 4.89

- Das *casting tape* wird breit genug angelegt, um die Schulter lateral zu bedecken und das Schultergelenk kranial zu umfassen (Abb. 4.89).

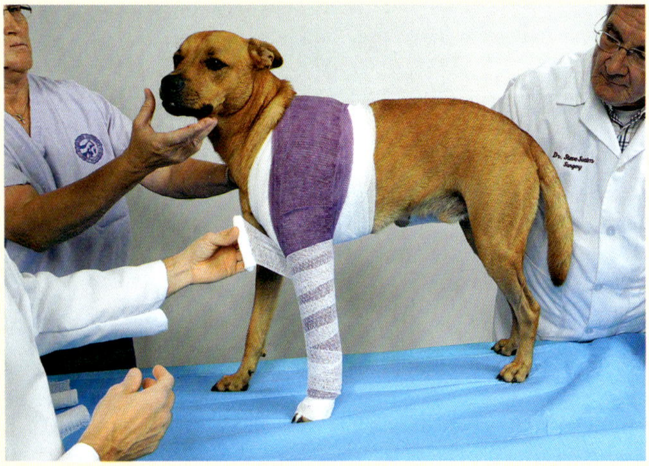

Abb. 4.90

- Die Schiene aus Fiberglas oder das Aluminiumgestell wird durch eine Lage Gaze fixiert. Während des Aushärtens des *casting tape* darf sich das Tier nicht bewegen (Abb. 4.90–91).

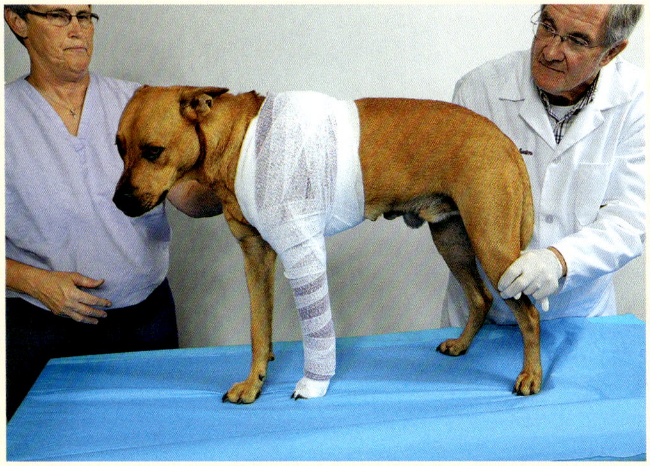

Abb. 4.91

- Zum Schluss wird unter Vermeidung zu hohen Zuges eine schützende Außenschicht angelegt (Abb. 4.92).
- Wurde der *spica splint* im Zusammenhang mit einer Läsion am Ellbogengelenk angewandt, so kann an der entsprechenden Stelle ein Fenster in die Schiene und den Verband geschnitten werden, um eine Wundbehandlung zu ermöglichen.

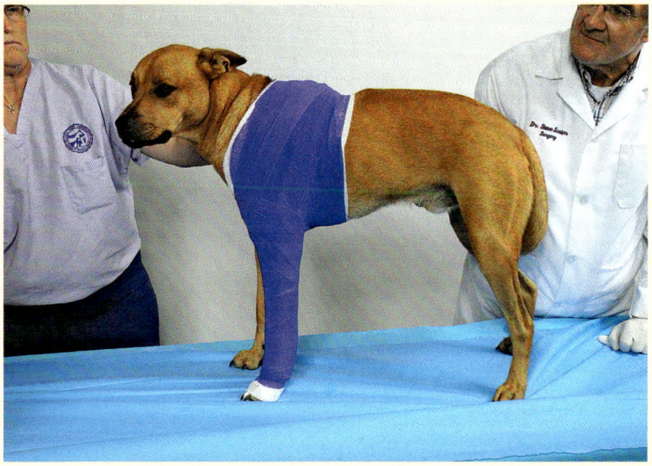

Abb. 4.92

Nachsorge

Eine engmaschige Überwachung ist notwendig, um Atemprobleme des Tieres und ein Verrutschen des Verbandes bzw. der Schiene auszuschließen. Wenn das Bein zu viel Spiel zu haben scheint, könnte der vordere Teil der Schulter kranial aus der Schiene heraustreten.

Eine Wundbehandlung am Ellbogen erfolgt durch das Fenster in Schiene und Verband. Ein kleiner Verband wird nach jeder Behandlung über dem Fenster platziert. Bei einer Lavage sollten Maßnahmen ergriffen werden, um den Verband um das Fenster herum trocken zu halten.

Vorteile und Komplikationen

Der *spica splint* stellt eine gute Methode dar, die gesamte Vordergliedmaße zu immobilisieren. Er ist jedoch nicht steif genug für eine Stabilisierung von Frakturen unterhalb der Skapula. Wird ein Aluminiumstab als seitliche Schiene zur Schlaufe gebogen, so ist die Immobilisation der vorderen Schulter nicht im gleichen Maße gegeben wie bei einer Cast-Schiene und der Komfort für das Tier kann geringer sein.

Aufgrund ihrer Länge und Steifheit ist die Schiene etwas unangenehm für die Tiere. Die meisten gewöhnen sich nach ein paar Tagen daran, aber einzelne Tiere tolerieren die Schiene nicht.

Besonders sollte darauf geachtet werden, dass das Tier sich nicht in eine laterale Seitenlage begibt, aus der es sich nicht erheben kann. Dies kann besonders bei übergewichtigen oder geschwächten Tieren der Fall sein.

Wird der *spica splint* bei der Behandlung einer Wunde über dem Ellbogengelenk eingesetzt, bietet er die für die Wundheilung notwendige Immobilisation und Streckstellung. Durch die Fenestrierung von Schiene und Verband kann Verbandsmaterial eingespart werden, da nur der Verband über der Wunde täglich gewechselt werden muss. Wird der Verband um das Fenster herum feucht, kann dort bakterielles Wachstum stattfinden, daher ist Sorgfalt bei der Wundreinigung geboten.

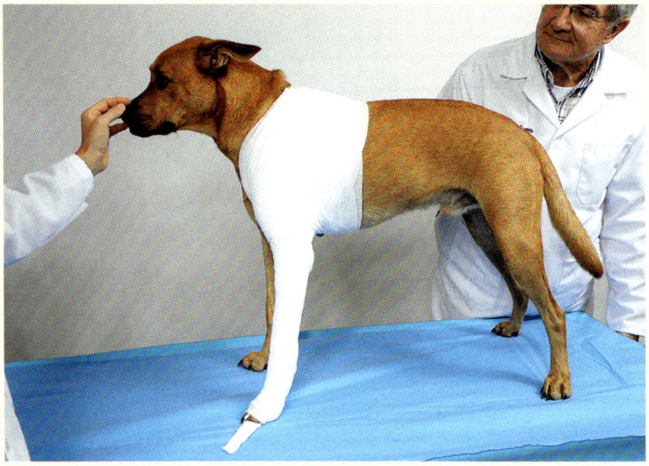

Abb. 4.93

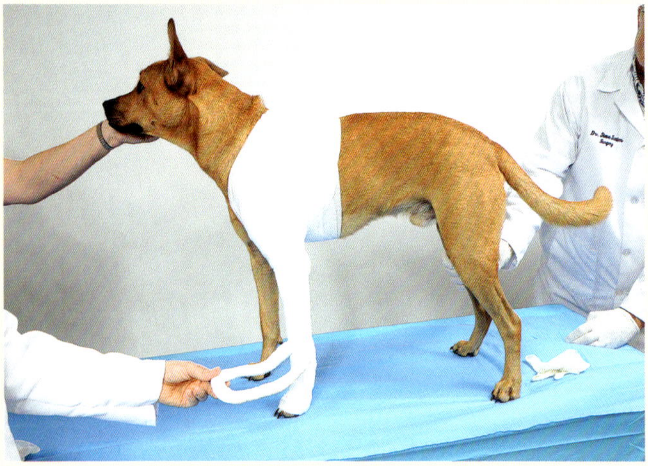

Abb. 4.94

4.2.9 Ellbogen-Aluminiumschiene

Indikationen

Eine andere Methode, den Ellbogen zu immobilisieren, ist eine kranial anzubringende Schiene aus Aluminium. Diese dient vor allem der Immobilisation und Streckung des Ellbogengelenkes zur Unterstützung der Wundheilung bei Weichteilläsionen über dem Ellbogen, z. B. Ellbogenhygrome und offene oder verschlossene Wunden am Olecranon. Die Schiene immobilisiert nicht die Schulter.

Technik

Die Schiene kann am stehenden oder in Seitenlage mit der betroffenen Gliedmaße nach oben gelagerten Tier appliziert werden. Die Wahl der Position kann von der Körperform des Patienten abhängen.

- Befindet sich im betroffenen Gebiet eine offene oder verschlossene Wunde, wird eine entsprechende Wundbehandlung durchgeführt und eine Wundauflage verwendet.
- Eine Sekundärschicht aus Polsterwatte wird um den Ellbogen gewickelt. Bei Tieren mit langen dünnen Beinen wird diese Schicht bis in die Achsel fortgeführt. Bei einigen Tieren kann sogar eine Weiterführung des Verbandes über den Rücken und um den Thorax nötig sein, wie bei einem Spica-Verband (Abb. 4.93, s. Kap. 4.2.8).
- Ein Aluminiumstab wird zu einem engen Rechteck gebogen, das in der Mitte der Längsseiten noch eine Winkelung erhält (Abb. 4.94).

- Die Winkelung der Schiene sollte dem natürlichen Winkel des Ellbogengelenks im Stand entsprechen und dem Verband eng anliegen, mit dem Knick der Schiene in der Ellbogenbeuge (Abb. 4.95). Die Schiene wird dann mit Gaze und einer äußeren schützenden Schicht fixiert.
- Muss eine Wunde am Ellbogen behandelt werden, kann in den Verband über der Wunde ein Fenster geschnitten werden.

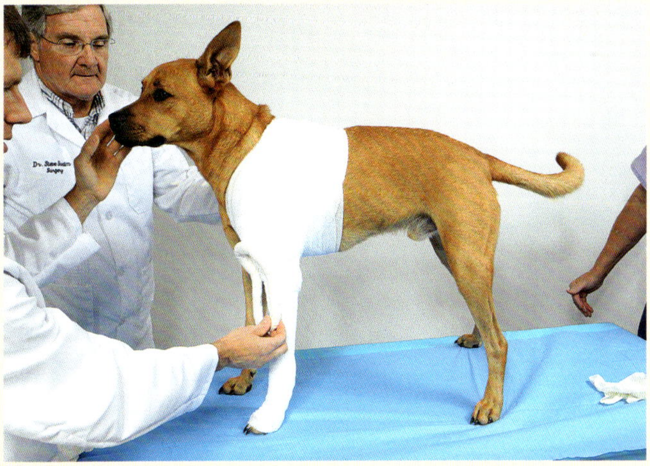

Abb. 4.95

Nachsorge

Verband und Schiene müssen sorgfältig beobachtet werden. Belastet das Tier das Bein weniger, kann dies ein Hinweis auf ein Verrutschen des Verbandes bzw. der Schiene oder auf Druckläsionen sein. Verband und Schiene müssen dann erneuert werden.

Eine Wunde am Ellbogen wird durch das Fenster im Verband behandelt, nach jeder Behandlung wird darüber ein kleiner Verband angebracht. Wird eine Lavage durchgeführt, muss der Verband um das Fenster herum vor Feuchtigkeit geschützt werden.

Vorteile und Komplikationen

Dieser Verband und die Schiene sind leichter zu applizieren und werden ggf. besser toleriert als ein *spica splint*, da die Schulter nicht immobilisiert wird. Für die Gewebeheilung wird eine ausreichende Ruhigstellung und Streckung erreicht. Ein Fenster im Verband über dem Ellbogen spart Verbrauchsmaterial, da nur der kleine Verband über der Wunde täglich gewechselt wird. Wird der Verband um das Fenster herum feucht, kann dort bakterielles Wachstum stattfinden, daher ist Sorgfalt bei der Wundreinigung geboten.

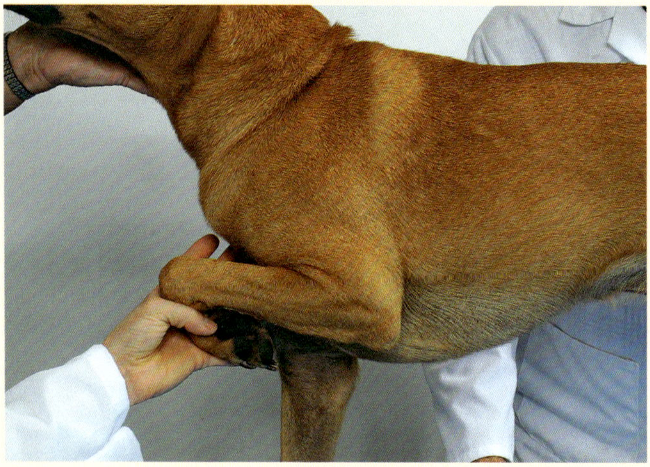

Abb. 4.96

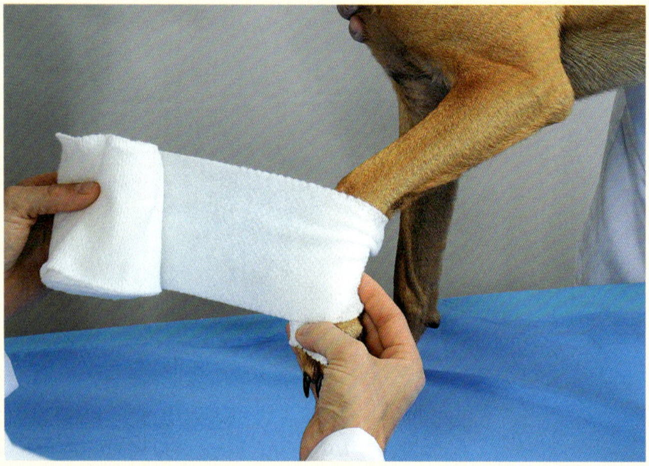

Abb. 4.97

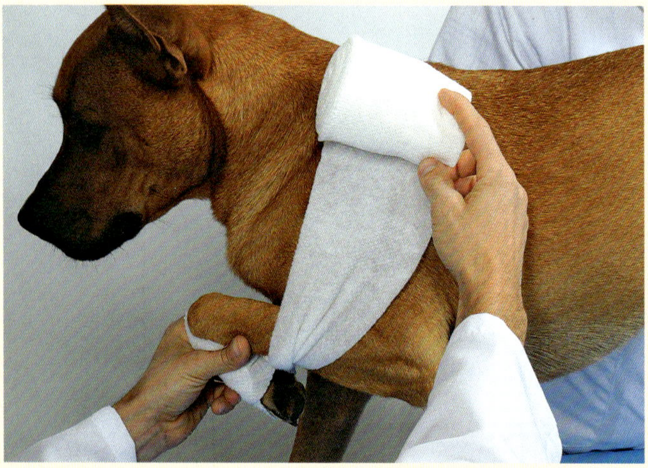

Abb. 4.98

4.2.10 Velpeau-Schlinge

Indikationen

Die Velpeau-Schlinge kann zur Verhinderung einer Gewichtsbelastung der Vordergliedmaße bei verschiedenen Indikationen dienen. Wenn es ausschließlich um die Verhinderung der Gewichtsbelastung geht, wie nach Ballentransplantationen, kann eine Karpalschlinge (Kap. 4.2.5) angenehmer sein, da die Velpeau-Schlinge Karpus und Ellbogen in starker Beugung fixiert.

Technik

Die Velpeau-Schlinge fixiert die Vordergliedmaße in gebeugter Position an der Brust des Tieres (Abb. 4.96). Die Schlinge wird aus den üblichen Verbandsschichten angelegt, um Polsterung, Stütze und Schutz zu bieten. Sie kann am stehenden oder in lateraler Seitenlage befindlichen Tier mit oben liegendem betroffenen Bein angebracht werden. Das Anlegen der Schlinge ist im Allgemeinen am stehenden Tier einfacher, erfordert aber eine gewisse Kooperation des Patienten. Ein liegendes Tier muss immer wieder aufgerichtet werden, um das Verbandsmaterial um den Thorax zu führen. Beim anästhesierten Tier muss eine übermäßige Spannung des Verbandsmaterials vermieden werden, die die Atembewegung und Atmung behindern kann.

- Das Anlegen der Velpeau-Schlinge beginnt mit zwei bis drei Lagen Polsterwatte distal des Karpus (Abb. 4.97).

- Die Gliedmaße wird in der gewünschten Beugung gehalten und durch das Führen der Polsterwatte über den Rücken und um den Thorax in dieser Stellung fixiert (Abb. 4.98).

- Die Polsterwatte wird in zwei bis drei Touren um Thorax und Gliedmaße geführt, sodass auch der Karpus von dorsal mit bedeckt ist (Abb. 4.99).

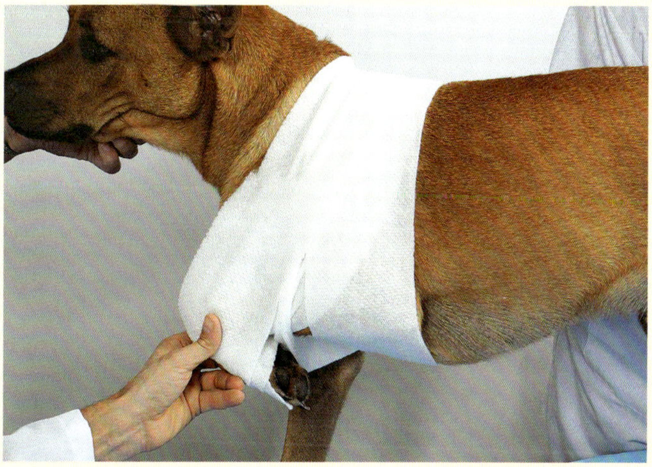

Abb. 4.99

- Mit Gaze oder weißem Pflaster wird nun eine zweite Verbandsschicht in derselben Art appliziert (Abb. 4.100).

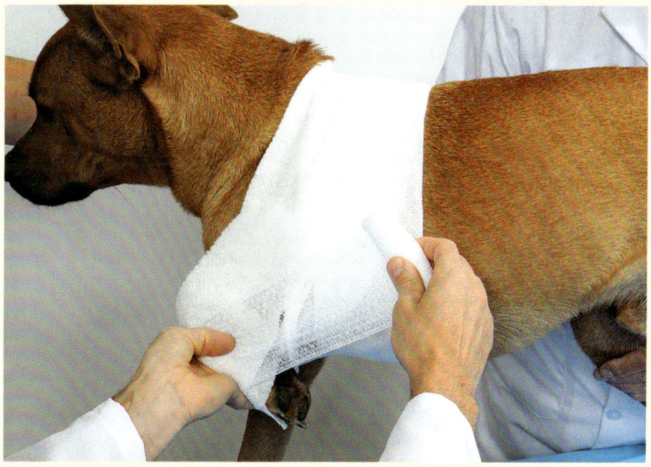

Abb. 4.100

- Es muss darauf geachtet werden, dass der Karpus vom Verbandsmaterial dorsal umfangen wird, um ein Herausrutschen des Beines aus der Schlinge zu verhindern (Abb. 4.101).

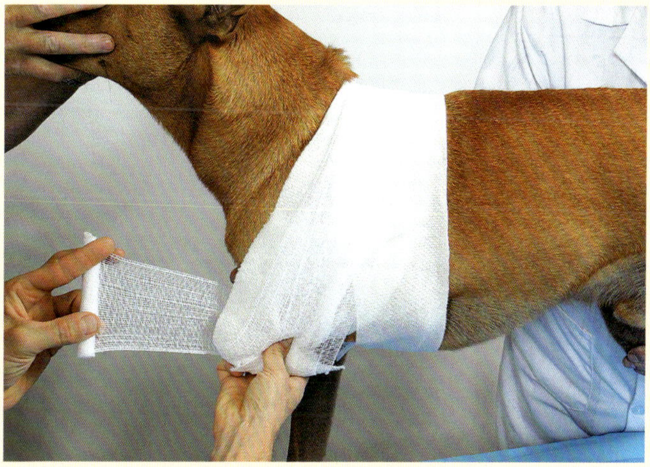

Abb. 4.101

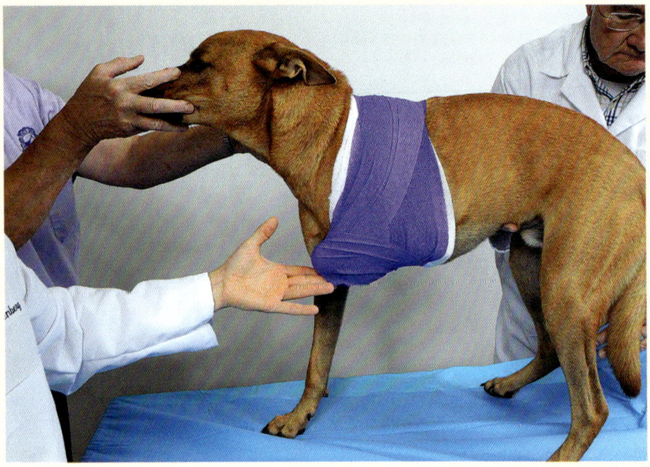

Abb. 4.102

- Eine äußere Schicht aus 5 cm breitem permeablem Pflaster oder einer elastischen Binde wird appliziert (Abb. 4.102).

Nachsorge

Es muss darauf geachtet werden, dass das Tier keine Atemprobleme hat und dass die Schlinge nicht verrutscht. Die Velpeau-Schlinge sollte nur so lange wie nötig angewandt werden, um das Grundproblem zu beheben. Eine Verweildauer über zwei Wochen kann problematisch werden. Nach der Entfernung der Schlinge sollte die Aktivität langsam über mehrere Wochen gesteigert werden, damit sich das Gewebe wieder an die Beweglichkeit anpassen kann.

Vorteile und Komplikationen

Die Velpeau-Schlinge stellt eine sichere Methode der Immobilisation der Vordergliedmaße dar. Sie beschränkt die Beweglichkeit und kann damit anfangs unangenehm für das Tier sein. Bei zu straffer Applikation kann der Thorax komprimiert und die Atmung behindert werden. Es kann zu Nekrosen der Haut oder darunterliegender Gewebe kommen, wenn der gebeugte Karpus und Ellbogen durch die elastische Binde oder Pflaster komprimiert werden, falls die Schlinge sich lockert oder verrutscht, und bei bereits vorher bestehenden Durchblutungsstörungen der Pfote. Weil alle Gelenke der Vordergliedmaße immobilisiert sind, wird der Knorpel in seiner Gesundheit beeinträchtigt und beim Entfernen der Schlinge können Lahmheiten auftreten. Bei mehr als zweiwöchiger Anwendung der Schlinge kann es zur Versteifung der Gelenke in Beugehaltung kommen.

Zur Immobilisation der oberen Vordergliedmaße zur Wundheilung bei der Katze wäre die Velpeau-Schlinge prinzipiell ebenfalls indiziert. Sie wird von Katzen aber nicht gut toleriert. Einer der Autoren (S.F. Swaim) hält Käfigruhe und eine Pappschachtel bei der Katze für die beste Immobilisationsmaßnahme. Eine Pappschachtel – ausreichend groß, um die Katze aufzunehmen – wird umgekehrt in den Käfig gestellt. Die Schachtel hat seitlich ein Loch, durch das die Katze hineingelangen kann. Katzen suchen solche Höhlen gerne auf und sitzen dann mit gebeugten Gliedmaßen in sternaler Lage in der Schachtel, wodurch eine gewisse Immobilisation der Axillarregion erreicht wird. Eine große offene Papiertüte erfüllt denselben Zweck.

4.3 Verbände, Gipse und Schienen an der Hintergliedmaße

4.3.1 Einfacher Polsterverband an der Hintergliedmaße

Die Informationen zum einfachen Polsterverband an der Vordergliedmaße gelten auch für die Hintergliedmaße (s. Kap. 4.2.1).

4.3.2 Einfache Schienung der Hintergliedmaße

Die Informationen zur einfachen Schienung der Vordergliedmaße gelten auch für die Hintergliedmaße (s. Kap. 4.2.6).

4.3.3 Einfacher Gips-/Castverband der Hintergliedmaße

Indikationen

Ein Gips/Cast kann in verschiedenen Situationen angewandt werden, die eine Ruhigstellung eines Teils der Gliedmaße erfordern. Auch wenn er keine absolut steife Knochenstabilisierung bietet, ist die Unterstützung meist ausreichend für die Heilung bestimmter Frakturen. Außerdem kann ein stabilisierender postoperativer Einsatz nach Arthrodese oder Weichteilrekonstruktionen erfolgen. Falls erforderlich, kann ein Gips/Cast longitudinal in zwei Hälften aufgetrennt (*bivalving*) und wiederverwendet werden. Dies wäre der Fall bei einer Wunde, die regelmäßig behandelt werden muss oder zur Anpassung an Schwellungen der Gliedmaße (s.u.). Eine Hälfte des Gipses/Castes kann auch solitär als Schiene verwendet werden, dies reduziert aber die Stabilität im Vergleich zum vollen Gips/Cast.

Technik

Die folgenden Abbildungen stellen das Anlegen eines Castes an der Beckengliedmaße dar, die Technik ist aber an der Vordergliedmaße dieselbe.

- Die ersten Schritte zum Anlegen eines Castes sind dieselben wie bei einem Polsterverband. Es gibt aber auch einige wichtige Unterschiede. Pflasterzügel werden angebracht und Polster im Zwischenzehen- und Zwischenballenbereich platziert (s. Kap. 4.2.1).
- Während der Cast-Applikation wird die Gliedmaße in neutraler Position gehalten, mit jedem Gelenk in moderater Beugung.
- Eine Stockinette wird auf die doppelte Länge des zu versorgenden Beines zugeschnitten, wobei sie proximal und distal je 5–7,5 cm überragen sollte (Abb. 4.103).

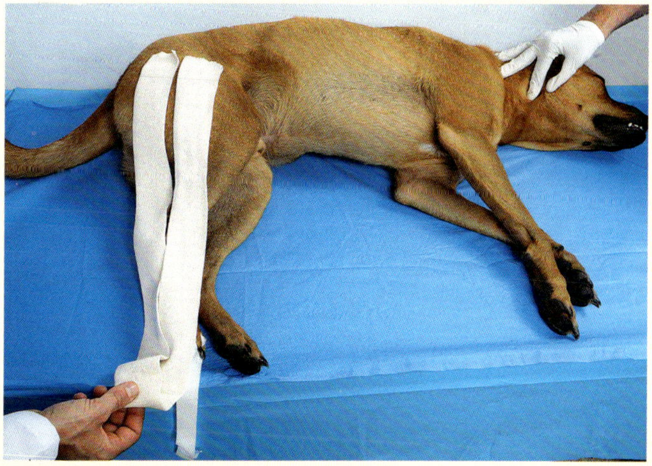

Abb. 4.103

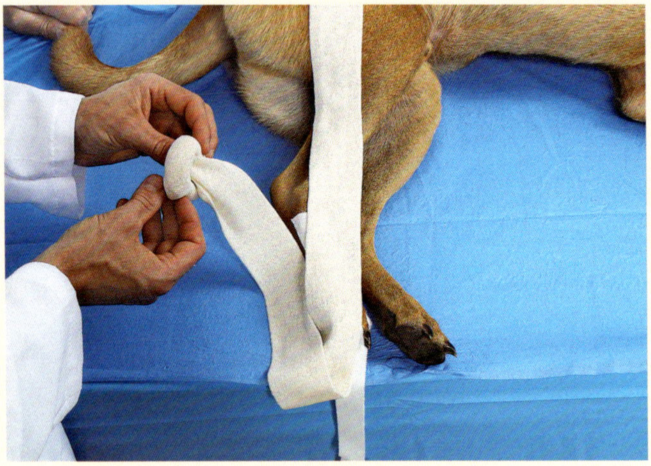

Abb. 4.104

- Die Stockinette wird doppellagig auf das Bein gezogen. Der Autor (W.C. Renberg) findet es am einfachsten, die Hälfte der Stockinette vom einen Ende aus nach außen aufzurollen (Abb. 4.104) und die andere Hälfte vom anderen Ende aus einwärts zu rollen (Abb. 4.105).

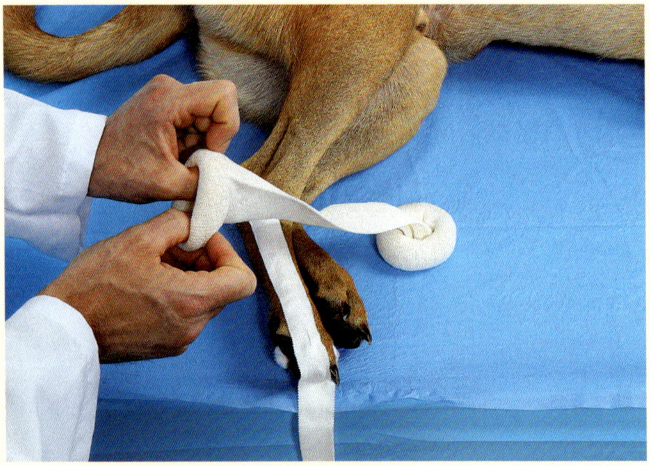

Abb. 4.105

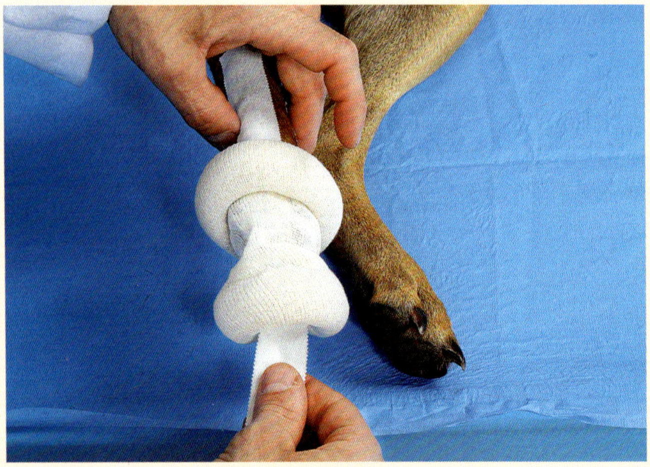

Abb. 4.106

- Das nach außen aufgerollte Ende wird über das Bein abgerollt. Die andere (eingerollte) Hälfte kann dann bequem über der ersten Schicht abgerollt werden (Abb. 4.106–108). Dabei muss die Stockinette einige Zentimeter über die Zehen hinausreichen.
- *Donut pads* aus Polsterwatte werden über Knochenvorsprüngen platziert, wie beim Polsterverband beschrieben. In der Regel werden sie unter der Stockinette angebracht und somit von ihr fixiert. Es muss aber darauf geachtet werden, dass sie bei der Applikation der restlichen Verbandsschichten nicht verrutschen.

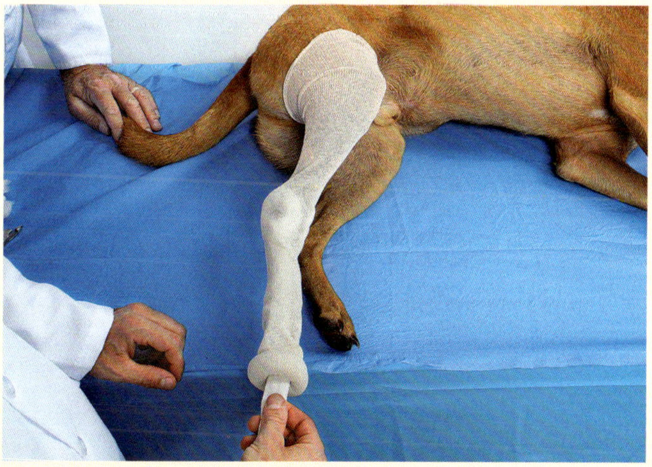

Abb. 4.107

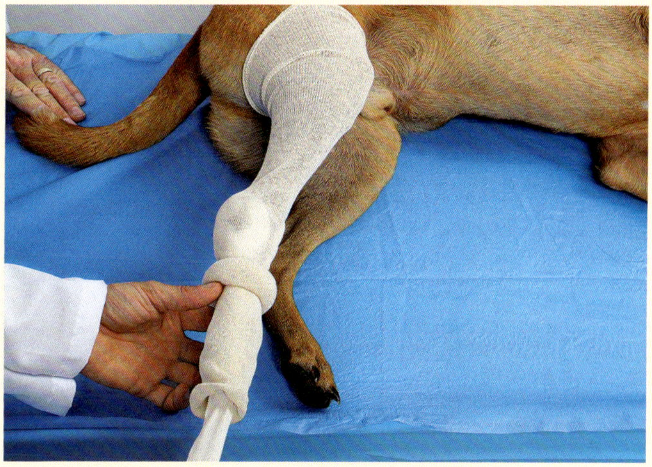

Abb. 4.108

- Polsterwatte (Abb. 4.109) und anschließend Gaze (Abb. 4.110) werden wie beim Polsterverband beschrieben über der Stockinette befestigt. In der Regel reichen drei bis vier Lagen Polsterwatte. Es ist zu bedenken, dass die Überlappung um jeweils 50 % die Materialstärke im Resultat verdoppelt. Die Stockinette sollte an beiden Verbandsenden hervorschauen (Abb. 4.111).

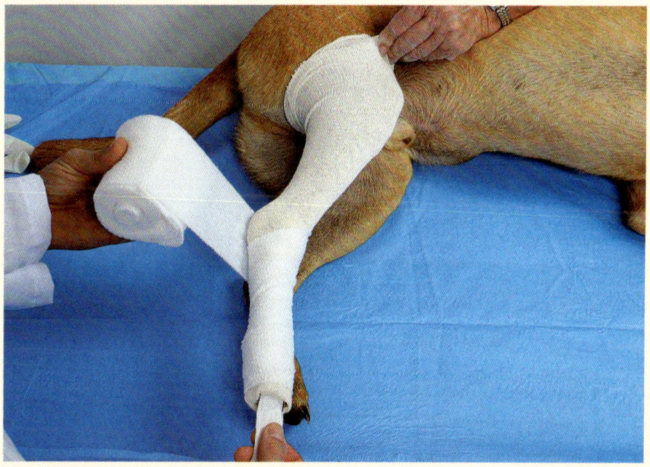

Abb. 4.109

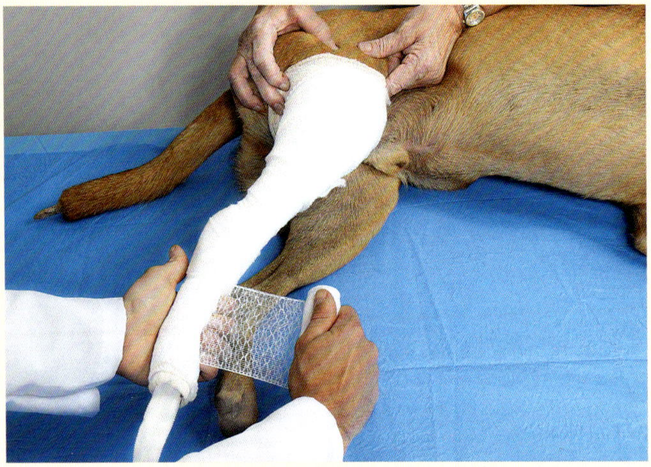

Abb. 4.110

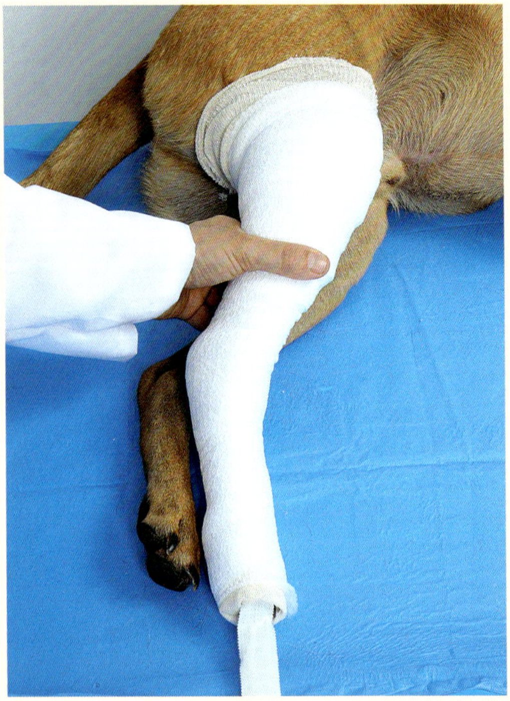

Abb. 4.111

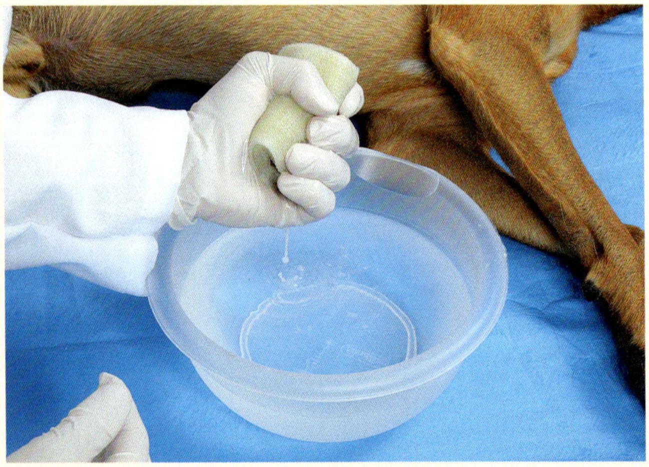

Abb. 4.112

- Untersuchungshandschuhe sollten getragen und das Fiberglas-*casting tape* durchgehend angefeuchtet werden. Warmes Wasser führt zu einem schnelleren Aushärten des Materials. Daher sollten Anfänger kälteres Wasser verwenden, um mehr Zeit für die Applikation des Castes zu haben. Es ist wichtig, dass das Wasser die Materialrolle komplett durchdringt. Wird die Rolle aufrecht ins Wasser getaucht und langsam wieder herausgenommen, kann das Wasser die Rolle gut durchnässen. Überflüssiges Wasser wird herausgedrückt, um ein Durchfeuchten des unterliegenden Polsterverbandes zu vermeiden (Abb. 4.112).

- Das *casting tape* wird von distal nach proximal mit etwa 50 % Überlappung bei jeder Wickeltoure angebracht, wobei Falten vermieden werden (Abb. 4.113). Es darf keine Zugspannung entstehen, da der Cast sonst zu eng wird.

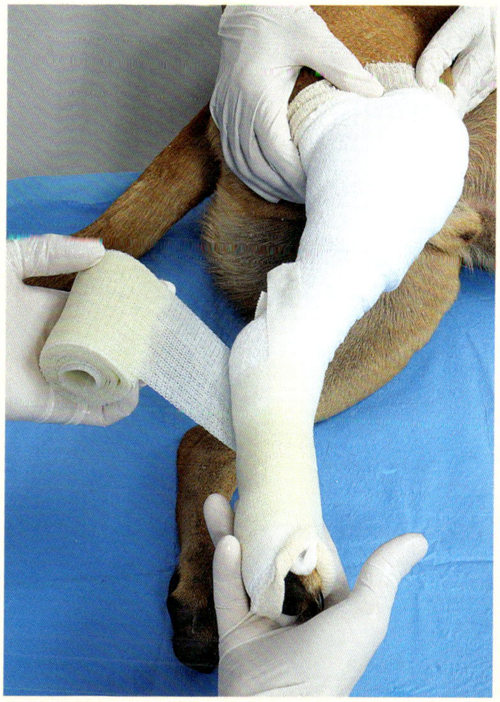

Abb. 4.113

- Das distale Ende des Castes sollte auf einem Level mit den Zehenspitzen sein, wobei die darunterliegenden Schichten 2,5–5 cm überstehen sollen.
- Weitere Rollen *casting tape* werden verwendet, bis die gewünschte Materialstärke erreicht ist. Das Ergebnis soll ein glatter Cast-Verband sein, bei dem jede Lage mit der darunterliegenden verbunden ist (Abb. 4.114).

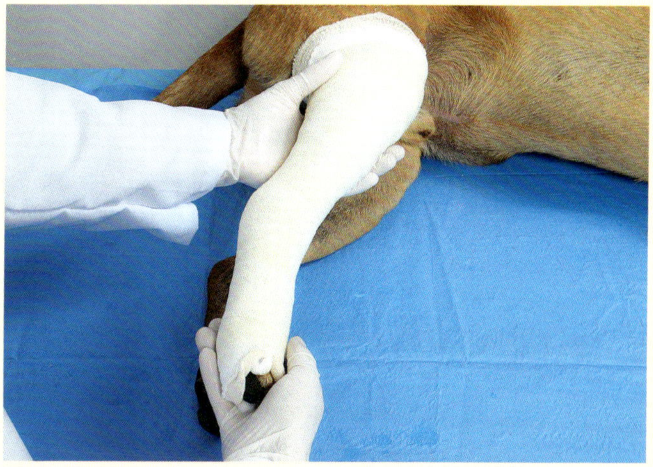

Abb. 4.114

- Bevor der Cast aushärtet, werden Stockinette und Polsterwatte an beiden Enden des Castes über den Rand geschlagen, um eine Polsterkante herzustellen (Abb. 4.115).

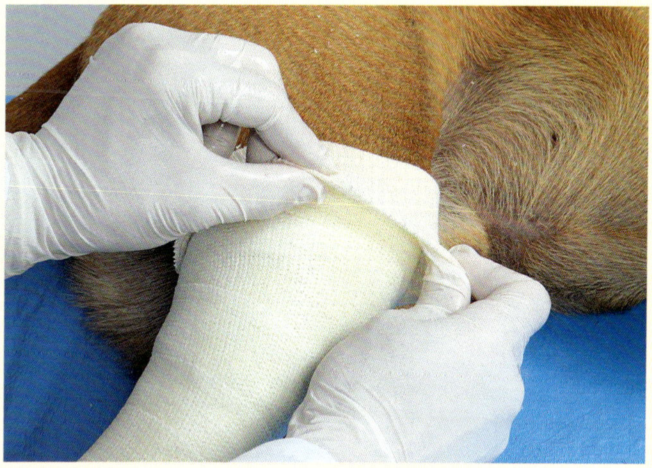

Abb. 4.115

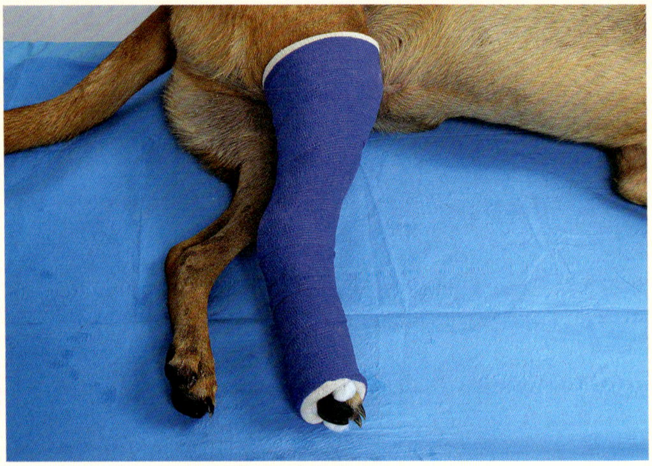

Abb. 4.116

- Während der Aushärtung des Castes dürfen keine Eindellungen durch Finger oder feste Gegenstände, z. B. Tischkanten, provoziert werden, da diese zu Drucklläsionen führen können.
- Die Zügel werden auf den Cast zurückgeklappt. Eine äußere Schutzschicht aus 5 cm breitem permeablen Pflaster wird nach der Aushärtung appliziert (Abb. 4.116).
- Die Halbierung eines Gipses/Castes zu Wiederverwendung und regelmäßigem Verbandswechsel erfolgt mit einer Gipssäge.

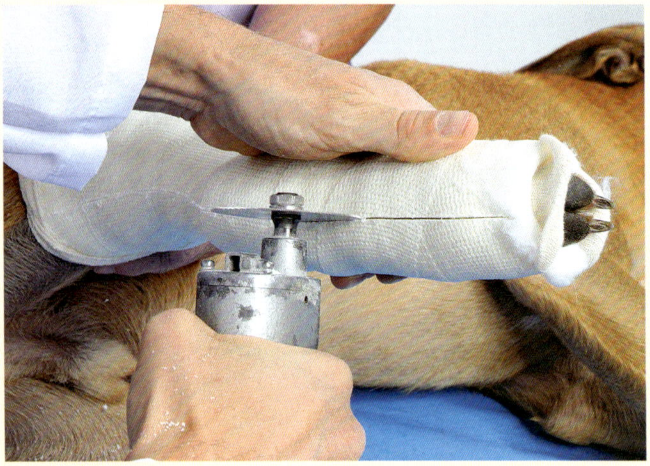

Abb. 4.117

- Der Cast wird longitudinal an der lateralen und medialen Seite der Vordergliedmaße bzw. dorsal und plantar an der Beckengliedmaße aufgetrennt (Abb. 4.117). Ein Gipsspreizer erleichtert die Trennung der beiden Hälften des Cast-Verbandes (Abb. 4.118–119). Manchmal können die beiden Hälften wiederverwendet werden (Abb. 4.120).

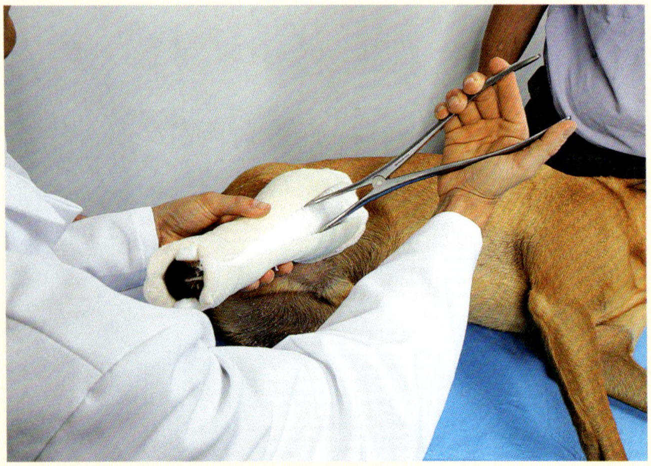

Abb. 4.118

Nachsorge

Der Gips/Cast muss sorgfältig überwacht werden. Er muss sauber und trocken gehalten werden, das Tier darf nicht daran kauen oder lecken. Die beiden freien Zehen sollten auf Schwellungen kontrolliert werden (Trennung der Zehen), was ein Zeichen für einen engen Gips/Cast und somit eine Indikation zum Wechsel bzw. zur Halbierung des Gipses/Castes ist. Ein Tierarzt muss kontaktiert werden, wenn das Tier die Gliedmaße schont.

Wird der Gips/Cast über einer nässenden Wunde verwendet, ist ein regelmäßiger Verbandswechsel erforderlich. Dies erfordert einen halbierten Gips/Cast, um den Verbandswechsel zuzulassen (s. Kap. 4.2.1). Alternativ kann ein halber Gips/Cast als Schiene auf der der Wunde entgegengesetzten Seite der Gliedmaße verwendet werden.

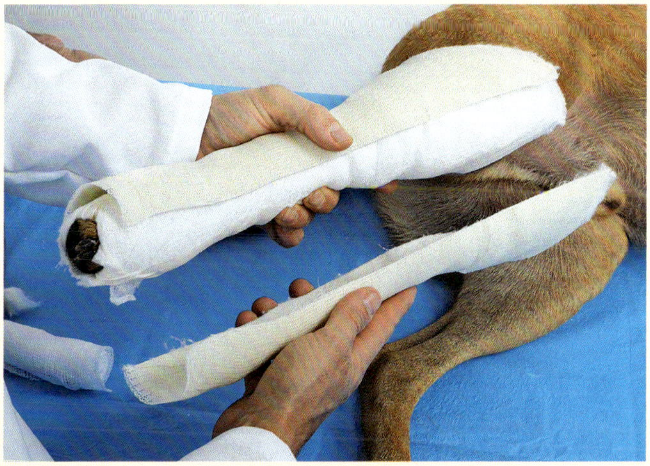

Abb. 4.119

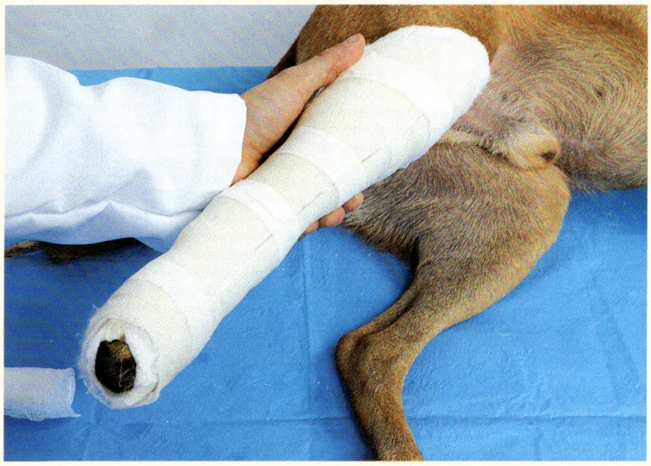

Abb. 4.120

Vorteile und Komplikationen

Ein Gips/Cast bietet die steifeste Stabilisierung des Beines. Weil er so steif ist und über einen längeren Zeitraum verbleiben kann, kann ein Gips/Cast aber zu Druckverletzungen führen, insbesondere an Knochenvorsprüngen. Ein frühes Erkennen solcher Zwischenfälle verhindert ernsthafte Probleme. Bei einem entsprechenden Hinweis (z. B. feuchter oder dreckiger Gips/Cast, Flecken auf dem oder übler Geruch aus dem Gips/Cast, verminderte Nutzung des Beines, Lecken oder Kauen am Verband) muss der Gips/Cast entfernt und die Gliedmaße untersucht werden. Nach einem Verbandswechsel können erforderlichenfalls die Hälften des Gipses/Castes wieder angebracht werden. Bei Druckverletzungen muss eine entsprechende Behandlung erfolgen und es müssen Maßnahmen ergriffen werden, die weiteren Druck verhindern, z. B. indem kein Gips/Cast direkt über der Wunde appliziert wird. Dies kann entweder durch die Verwendung einer Hälfte des Gipses/Castes als Schiene auf der der Verletzung entgegengesetzten Seite der Gliedmaße erfolgen oder indem in den Gips/Cast ein Fenster über der Wunde geschnitten wird.

Eine frühzeitige Verwendung von Gips oder Cast bei einer Gliedmaße mit Frakturen ohne Dislokation birgt das Risiko von Komplikationen. Mit dem Gips/Cast erfolgt keine Anpassung an die Ödeme, die in den ersten Tagen nach dem Trauma entstehen. So kann durch die Schwellung der Gliedmaße, die durch den Verband begrenzt ist, eine Komprimierung der Blutgefäße erfolgen. Ischämische Nekrosen können die Folge sein. In solchen Fällen ist daher die Applikation eines Halb-Gipses/-Castes zu erwägen, bis die Schwellung abklingt.

4.3.4 Ehmer-Schlinge

Indikationen

Die Ehmer-Schlinge wird genutzt, um nach der geschlossenen (konservativen) Reposition einer kraniodorsalen Femurkopfluxation den Femurkopf im Acetabulum zu fixieren. Sie sollte nicht nach einer ventralen Luxation verwendet werden.

Vor der Applikation einer Ehmer-Schlinge sollte sichergestellt sein, dass eine entsprechende Indikation vorliegt, um die Erfolgsaussicht zu maximieren. Tiere mit chronischer Luxation, schlechter Ausbildung des Gelenkes, Avulsionen oder anderen Verletzungen im/am Gelenk sind keine geeigneten Kandidaten für die geschlossene Reposition des Hüftgelenkes. Außerdem ist die richtige Technik bei der Reposition und Reduzierung des Gelenkspaltes wichtig.

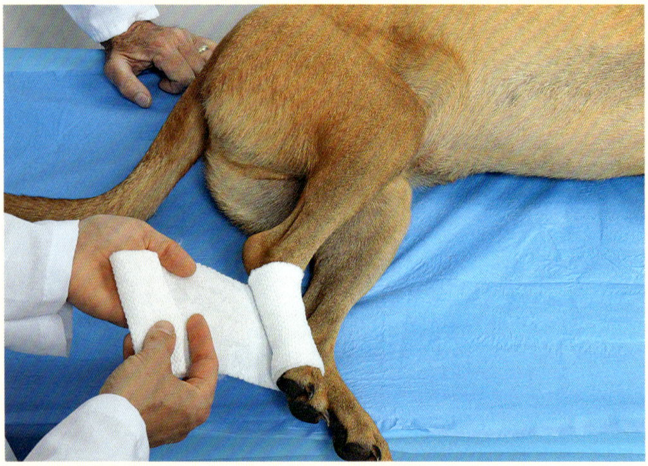

Abb. 4.121

Technik

Die Schlinge soll eine Innenrotation des Beines, Beugung der Hüfte und Abduktion der Gliedmaße gewährleisten. Sie wird meist am in Seitenlage befindlichen Tier und oben liegender betroffener Gliedmaße appliziert. Hierbei wird das Bein mit leichter Innenrotation der unteren Gliedmaße gebeugt.

- Zu Anfang werden zwei oder drei Lagen Polsterwatte um den Metatarsus gewickelt (Abb. 4.121).

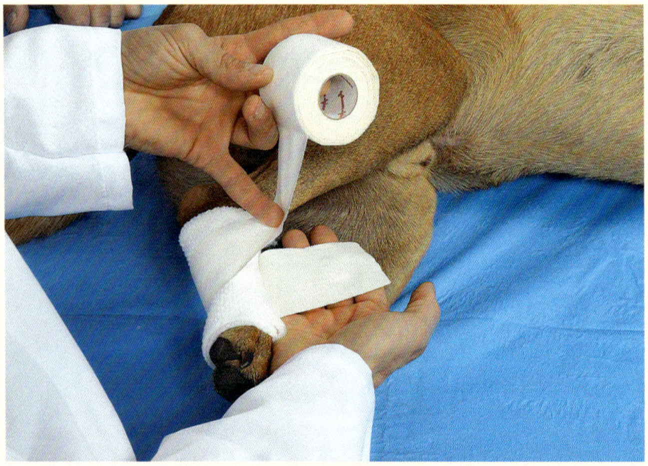

Abb. 4.122

- 5 cm breites permeables Pflaster wird für den Rest des Verbandes verwendet. Zuerst wird es mit einem kranialen Überstand kaudal um die metatarsale Polsterschicht geklebt. Die beiden Klebeflächen werden dann kranial aufeinander befestigt (Abb. 4.122). So wird nicht der gesamte Metatarsus umwickelt und eine zu straffe Applikation des Pflasters wird verhindert.

- Das Pflaster wird dann mit der Klebefläche zum Tier medial am Knie vorbei und direkt proximal der Kniescheibe kranial um den Oberschenkel geführt (Abb. 4.123).

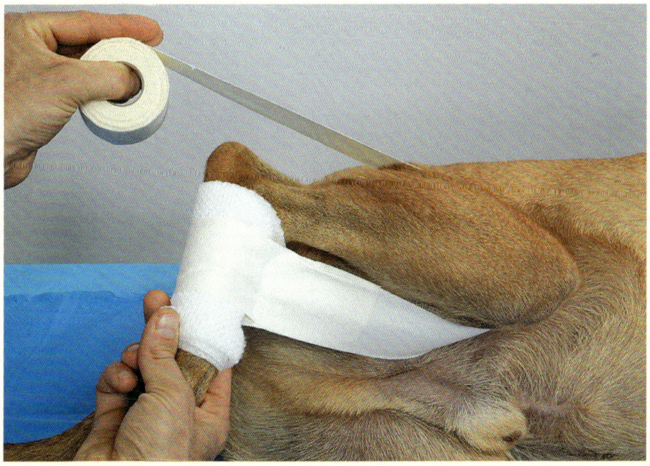

Abb. 4.123

- Das Pflaster wird anschließend kaudal des Knies über die mediale Seite des Sprunggelenkes auf die kaudale Metatarsalfläche geführt (Abb. 4.124–125). Diese Klebetour kann wiederholt werden. Die laterale Seite des Knies sollte nach Beendigung dieser Schicht sichtbar sein, d.h. das Pflaster wurde nicht über die laterale Seite des Sprunggelenkes geführt. Die Innenrotation wird beibehalten.

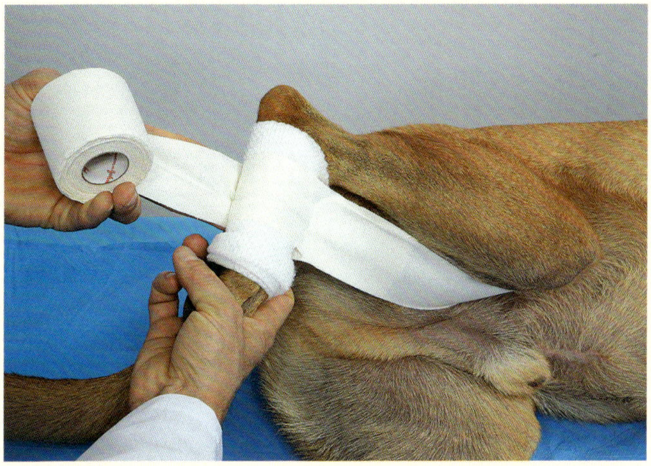

Abb. 4.124

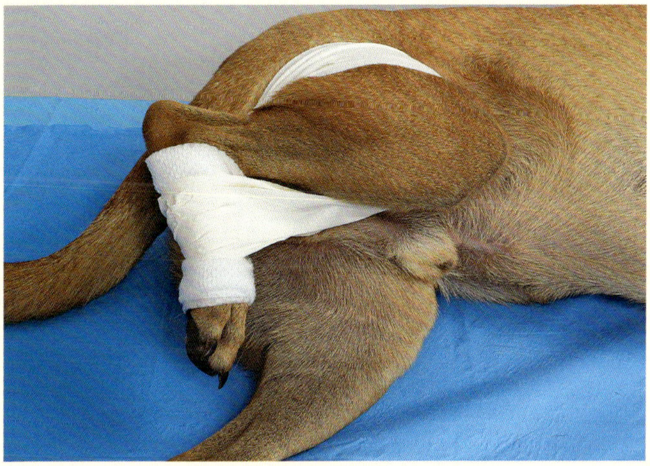

Abb. 4.125

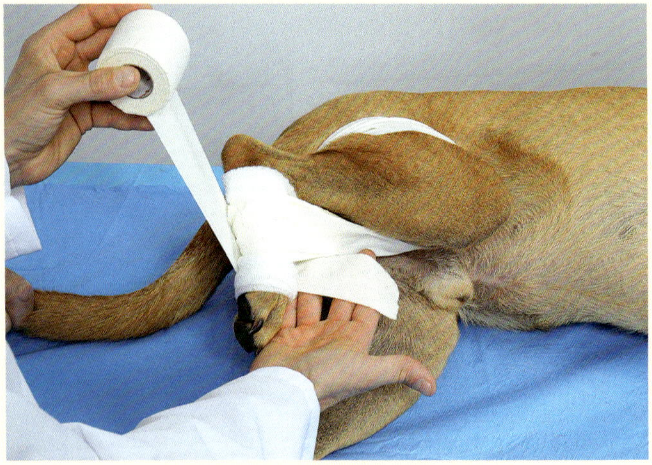

Abb. 4.126

- Der abdominale Unterstützungsteil der Schlinge beginnt wieder wie oben beschrieben mit der Fixierung des Tapes in der Metatarsalregion (Abb. 4.126).

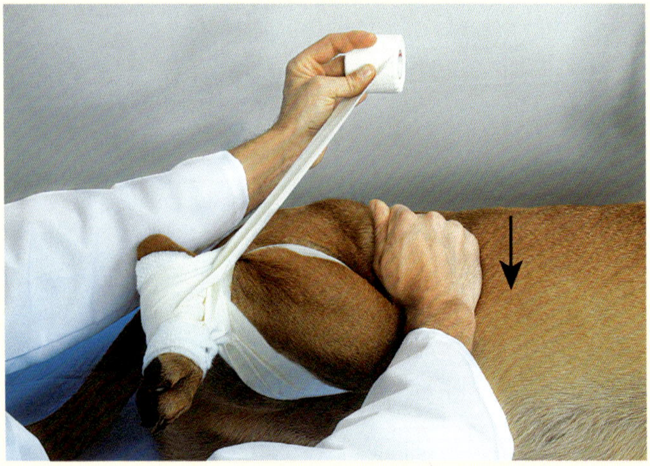

Abb. 4.127

- Das Pflaster wird dann lateral am Bein entlang und über den Rücken geführt. Um ein Verschieben der Haut zu verhindern, was zu einem Absinken des Beines führen würde sobald das Tier steht, wird die Haut der Flanke leicht ventral gezogen (Pfeil), bevor das Pflaster befestigt wird (Abb. 4.127).

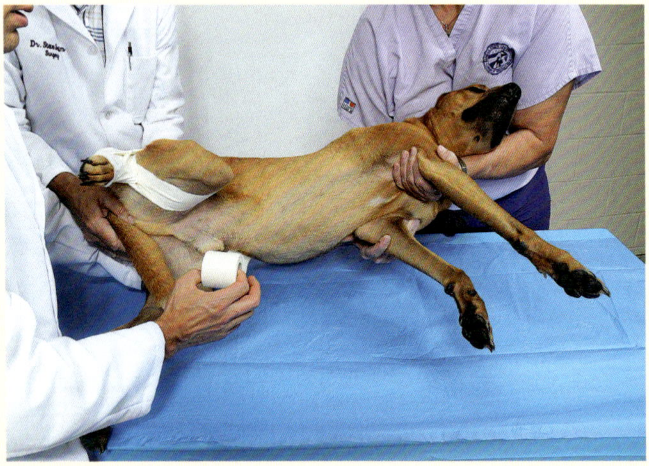

Abb. 4.128

- Das Pflaster wird über Rücken und Seite des Tieres um das Abdomen geführt (Abb. 4.128).

- Bei männlichen Tieren ist das Pflaster dabei kranial des Präputiums anzubringen (Abb. 4.129). Diese Pflastertoure kann wiederholt werden.

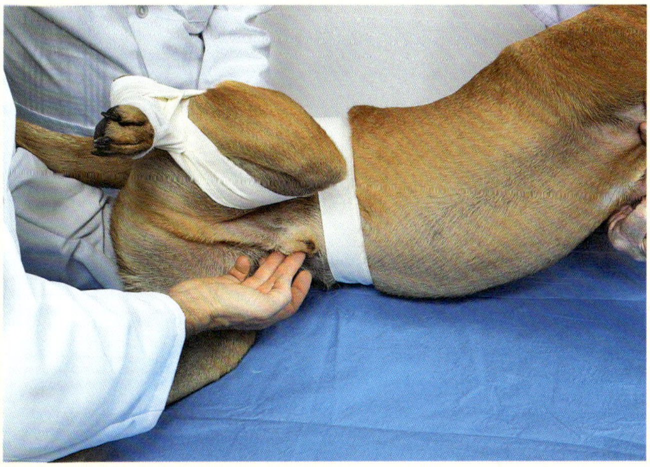

Abb. 4.129

- Zum Schluss ist das Bein gebeugt und abduziert, mit einer leichten Innenrotation (Abb. 4.130–131).

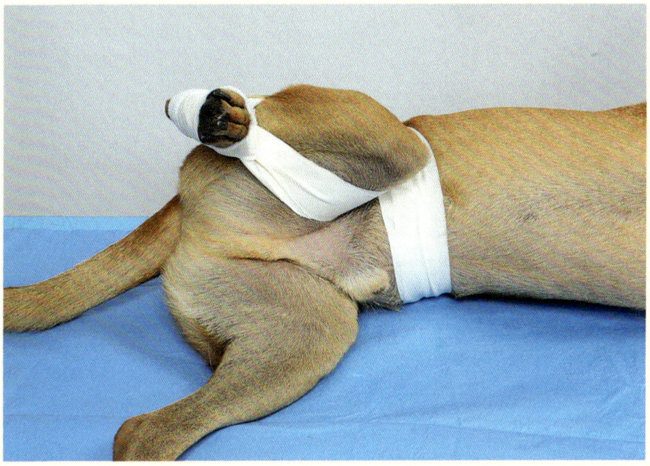

Abb. 4.130

Nachsorge

Bei der Ehmer-Schlinge kommt es eher als bei anderen Techniken zu verbandsassoziierten Wunden, da die Haut im entsprechenden Bereich dünn ist und weil Pflaster direkt auf der Haut appliziert wird. Es muss daher besonders auf den Sitz der Schlinge und das Entstehen von Läsionen geachtet werden. Speziell die Kaudalfläche des Metatarsus muss auf Druckschäden untersucht werden. Sobald sich Läsionen entwickeln, muss die Schlinge modifiziert oder entfernt werden.

Kontrolluntersuchungen durch den Tierarzt sind geraten und die Schlinge sollte nicht länger als 10–14 Tage belassen werden. Die Entfernung der Schlinge kann für das Tier unangenehm sein, da das Pflaster direkt auf der Haut appliziert wurde. Es gibt kommerzielle Produkte, die die Entfernung des Klebebandes erleichtern. Nach der Entfernung der Schlinge sollte die Bewegung des Tieres noch weitere zwei bis vier Wochen beschränkt sein, bis die Beweglichkeit der Gliedmaße wieder hergestellt ist. Die ersten ein bis zwei Tage wird das Bein möglicherweise nicht benutzt, da es zu steif geworden ist. Das Tier sollte auch nicht dazu gezwungen werden. Es sollte jedoch überprüft werden, dass das Hüftgelenk richtig positioniert ist. Die Beweglichkeit sollte dann mit jedem Tag zunehmen.

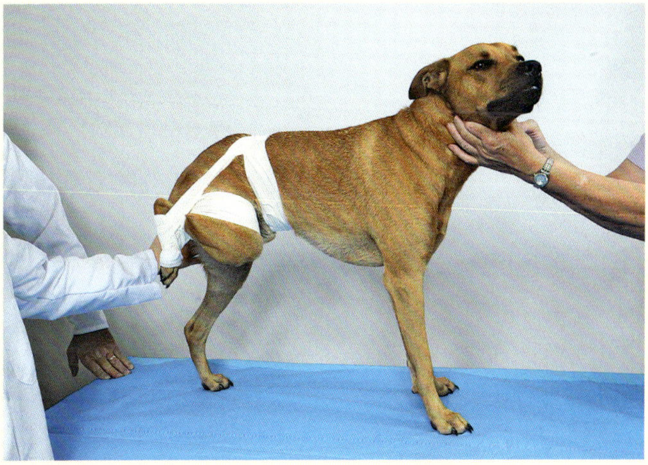

Abb. 4.131

Vorteile und Komplikationen

Die Ehmer-Schlinge bietet dem Hinterbein die notwendige Stellung, um der Relaxierungstendenz nach einer kraniodorsalen Hüftgelenkluxation entgegenzuwirken. Diese Position ist bei anderen Luxationsrichtungen kontraindiziert.

Verbandsassoziierte Wunden können entstehen, daher müssen der Fersensehnenbereich, die kaudale Metatarsalregion, die Inguinalregion und die medialen Oberschenkel- und Kniegelenkbereiche sorgfältig beobachtet werden.

4.3.5 90/90-Schlinge

Indikationen

Die 90/90-Schlinge verhindert eine Gewichtsbelastung der Hintergliedmaße und/oder dient der Beugung von Sprung- und Kniegelenk und wird bei entsprechender orthopädischer Indikation verwendet. Auch zur Entlastung einer Pfote nach gravierenderen Eingriffen wie einer Ballentransplantation kann ein Einsatz erwogen werden.

Technik

- Das Tier wird in Seitenlage verbracht, mit der betroffenen Gliedmaße nach oben.
- Ein langes Stück 5 cm breites permeables Pflaster wird für den späteren Gebrauch vorbereitet (Abb. 4.132).

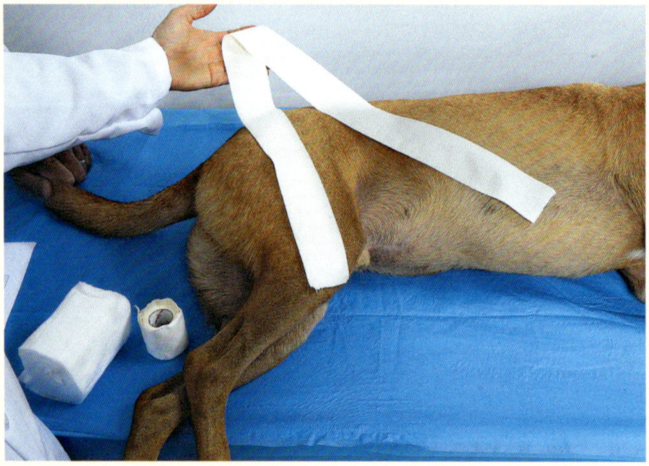

Abb. 4.132

- Zu Anfang werden zwei bis drei Lagen Polsterwatte um den Metatarsus gewickelt (Abb. 4.133).

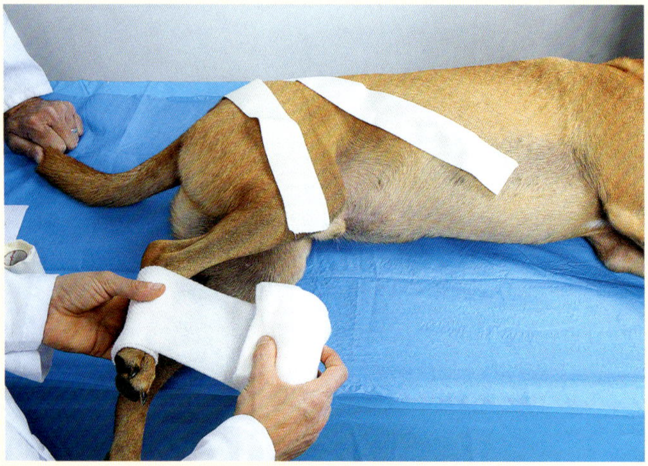

Abb. 4.133

- 5 cm breites permeables Pflaster wird für den Rest des Verbandes verwendet. Zuerst wird es mit einem kranialen Überstand kaudal um die metatarsale Polsterschicht geklebt. Die beiden Klebeflächen werden dann kranial aufeinander befestigt (Abb. 4.134–135). So wird nicht der gesamte Metatarsus umwickelt und eine zu straffe Applikation des Pflasters verhindert.
- Der vorbereitete Pflasterstreifen wird mit der Klebefläche nach oben entlang des Oberschenkels gelegt.

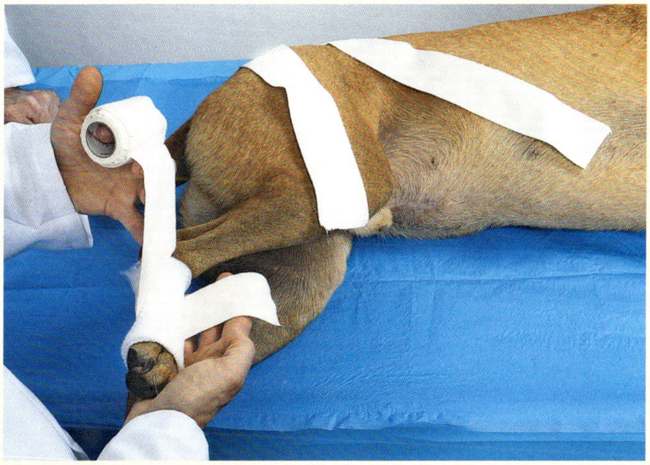

Abb. 4.134

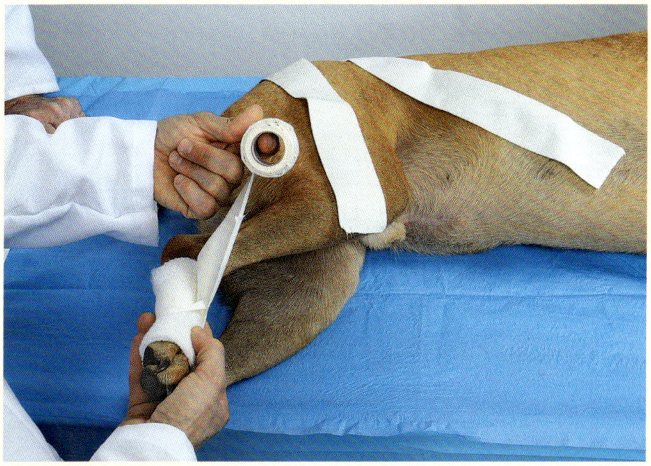

Abb. 4.135

- Bei gebeugtem Sprung- und Kniegelenk wird das Pflaster aus der Metatarsalgegend mit der Klebefläche zum Tier lateral über das Knie und kranial vor den Oberschenkel geführt (Abb. 4.136). Dabei wird der vorbereitete, über den Oberschenkel gelegte Pflasterstreifen im 90°-Winkel überquert. Der vorbereitete Pflasterstreifen ragt dabei 10–15 cm über die Kreuzungsstelle hinaus.

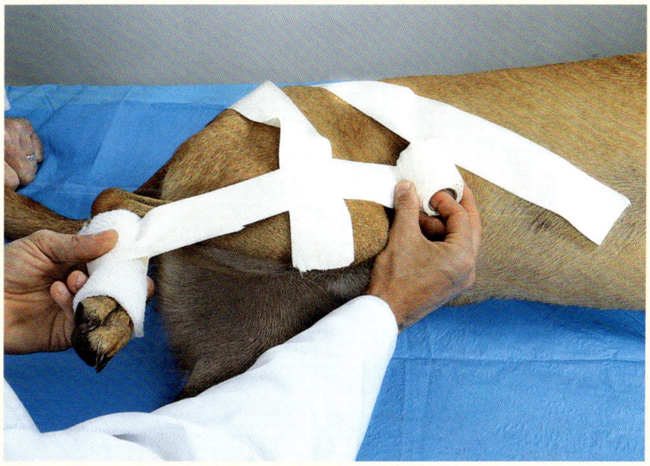

Abb. 4.136

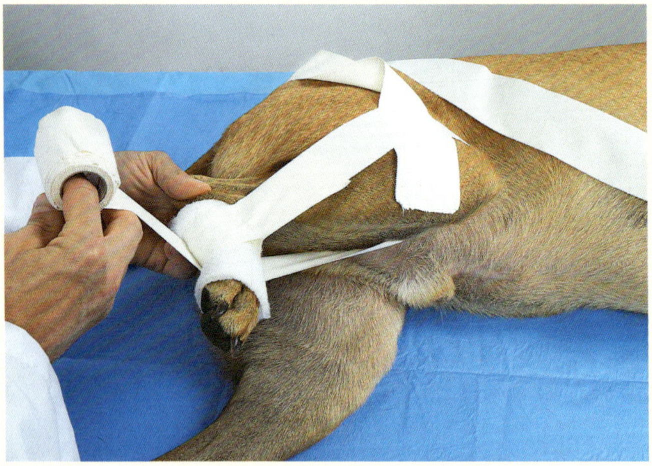

Abb. 4.137

- Das vom Metatarsus kommende Pflaster wird dann über die mediale Seite des Knies und kaudal um das Sprunggelenk geführt (Abb. 4.137). Diese Toure wird wiederholt.

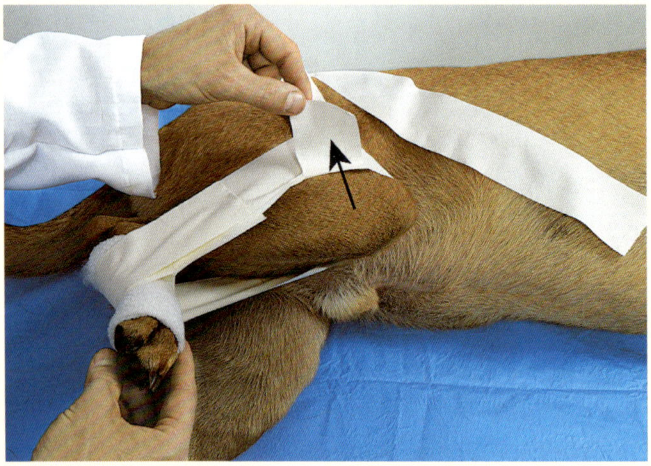

Abb. 4.138

- Das Ventralende des vorbereiteten Pflasterstreifens wird nun über die Kreuzungsstelle zurückgeklappt und befestigt, sodass beide Streifen sicher miteinander verbunden sind (Abb. 4.138).

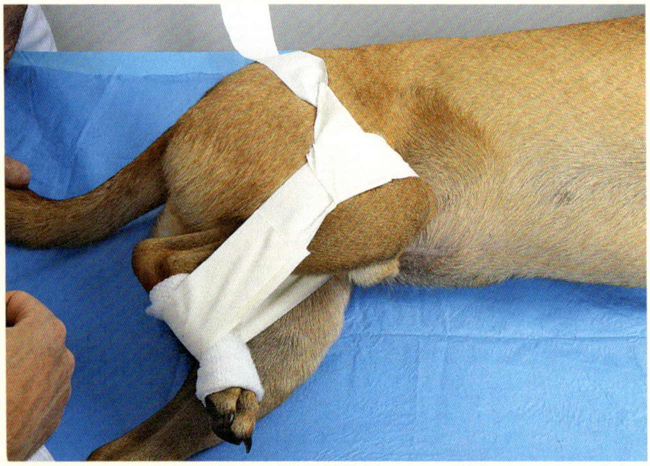

Abb. 4.139

- Der verbleibende Teil dieses Pflasterstreifens wird jetzt so verdreht, dass die Klebefläche zum Patienten zeigt. Er wird über den Oberschenkel um den Rücken des Tieres geführt (Abb. 4.139).

- Über die andere Seite wird das Pflaster um das Abdomen des Tieres geführt, ähnlich wie bei der Ehmer-Schlinge gezeigt. Bei männlichen Tieren wird darauf geachtet, dass das Pflaster nicht über das Präputium läuft (Abb. 4.140).

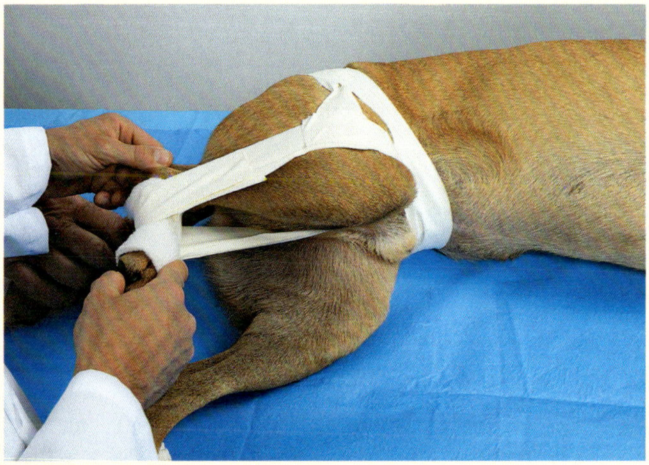

Abb. 4.140

- Die Schlinge hält beim stehenden Tier Sprung- und Kniegelenk gebeugt (Abb. 4.141).

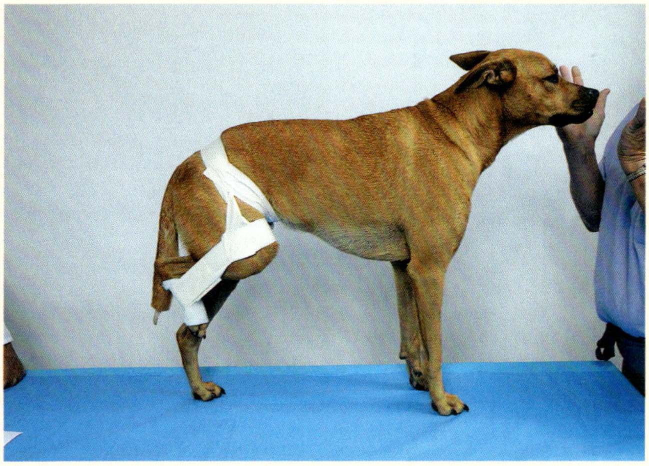

Abb. 4.141

Nachsorge

Bei der 90/90-Schlinge kommt es eher als bei anderen Techniken zu verbandsassoziierten Wunden, da die Haut im entsprechenden Bereich dünn ist und weil Pflaster direkt auf der Haut appliziert wird. Es muss daher besonders auf den Sitz der Schlinge und das Entstehen von Läsionen geachtet werden. Speziell die Kaudalfläche des Metatarsus muss auf Druckschäden untersucht werden. Sobald sich Läsionen entwickeln, muss die Schlinge modifiziert oder entfernt werden.

Kontrolluntersuchungen durch den Tierarzt sind geraten und die Schlinge sollte nicht länger als 10–14 Tage belassen werden. Die Entfernung der Schlinge kann für das Tier unangenehm sein, da das Pflaster direkt auf der Haut appliziert wurde. Es gibt kommerzielle Produkte, die die Entfernung des Klebebandes erleichtern. Nach der Entfernung der Schlinge wird die ersten ein bis zwei Tage das Bein möglicherweise nicht benutzt, da es zu steif geworden ist. Die Beweglichkeit nimmt dann mit der Zeit zu.

Vorteile und Komplikationen

Die 90/90-Schlinge ist einfacher anzulegen und komfortabler als die Ehmer-Schlinge. Sie ist eine gute Methode, um eine Gewichtsbelastung der Hintergliedmaße zu verhindern und um die meisten Gelenke des Beins zu beugen. Die Schlinge erlaubt keine Bewegungsübungen und kann zu verbandsassoziierten Wunden führen.

4.3.6 Überknüpfverband

Indikationen

Der Überknüpfverband kann zum Schutz offener oder vernähter Wunden sowie von Transplantaten im proximalen Bereich der Hintergliedmaße oder im Beckenbereich dienen.

Technik und Nachsorge

Siehe Kap. 3.2.3.

Vorteile und Komplikationen

Der Hauptvorteil eines Überknüpfverbandes ist ökonomischer Art. Die großen Mengen sekundären und tertiären Verbandsmaterials, die für einen umlaufend geschlossenen Verband der proximalen Gliedmaße oder des Rumpfes erforderlich wären, entfallen. Die zentripetale Kraft durch das Knüpfen des Umbilikalbandes oder der elastischen Binde kann bei der Behandlung einer offenen Wunde als Unterstützung der Wundkontraktion betrachtet werden.

Eine mögliche Komplikation ist bei zu starker Straffung der Haltebänder ein Einschneiden der Nahtmaterial-Schlaufen in die Haut. Eine Kontamination der zweiten Verbandsschicht ist möglich, die Wahrscheinlichkeit wird jedoch durch eine undurchlässige Materialschicht über dem Verband reduziert.

5 Restriktive Maßnahmen

Der Einsatz von Schutzmaßnahmen sollte überlegt werden, um eine Beschäftigung des Tieres mit seinem Verband, Gips/Cast oder einer Schienung zu verhindern.

5.1 Halskragen

Halskrägen sind eine effektive Maßnahme, um Zähne und Zunge eines Tieres von Verbänden, Gipsen/Casts und Schienen kaudal des Kopfes fernzuhalten. Sie halten aber auch die Pfoten von Kopfverbänden fern. Die effektivsten Krägen sind Plastikhalskrägen in der passenden Größe, die durch Schlaufen an der engen Öffnung an einem Halsband oder mit einem Stück Gazebinde angebracht werden können (Abb. 5.1).

Da der Kragen über das Maul des Tieres hinausragt, kann es Schwierigkeiten bei der Futter- oder Wasseraufnahme aus einer am Boden stehenden Schüssel geben. Das Tier sollte beobachtet werden, ob solche Probleme bestehen, ggf. können verschiedene Maßnahmen ausprobiert werden. Die Schüssel kann erhöht angeboten werden oder es wird eine kleinere tiefere Schüssel gewählt, die in den Kragen „hineinpasst". Der Kragen kann auch zur Futter-/Wasseraufnahme entfernt und danach wieder angebracht werden.

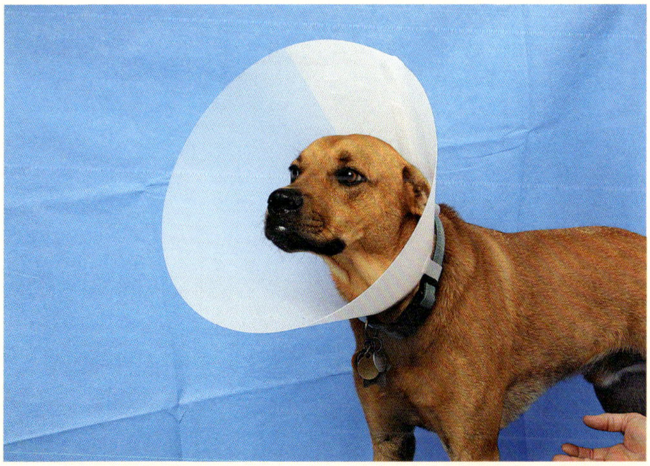

Abb. 5.1: Plastikhalskragen, der mit den Plastikschlaufen am Lederhalsband des Hundes befestigt wurde.

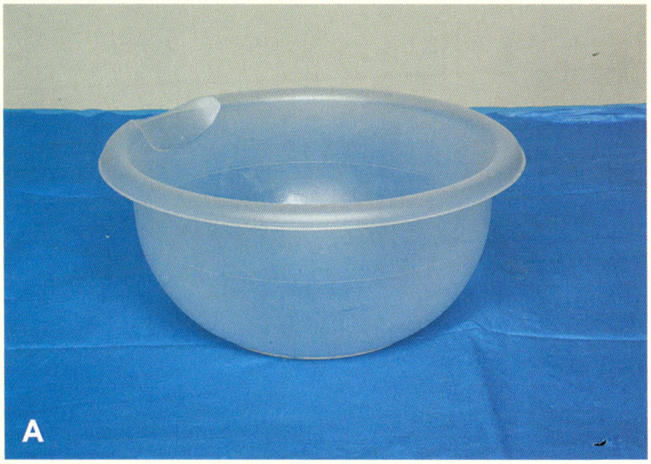

Abb. 5.2 A

Für kleinere Hunde kann auch eine große Plastikschüssel modifiziert und wie ein Plastikhalskragen verwendet werden.

- In den Boden einer angemessen großen Schüssel wird ein Loch geschnitten, durch das der Kopf des Tieres passen soll (Abb. 5.2 A–B).

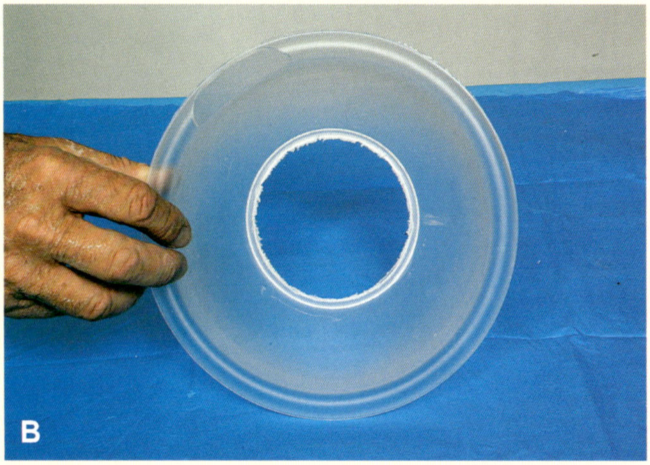

Abb. 5.2 B

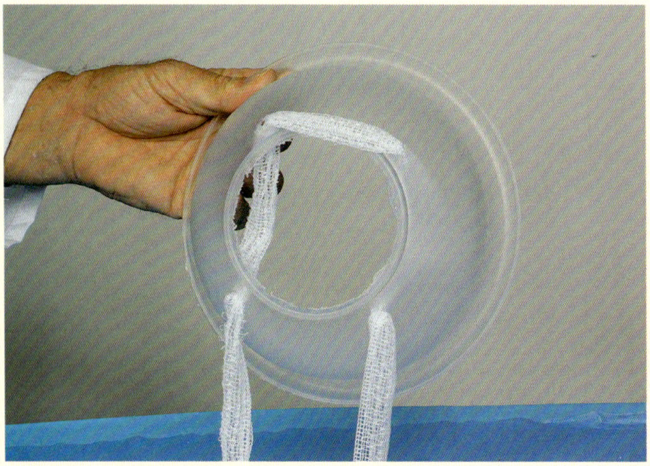

Abb. 5.3

- Kleine Löcher werden in gleichmäßigem Abstand um das Loch im Schüsselboden herum gebohrt und ein Stück Gazebinde hindurchgefädelt (Abb. 5.3).

- Der Kopf des Hundes wird durch das Loch gesteckt und die Gazebinde zusammengebunden, um den Sitz der Schüssel zu sichern (Abb. 5.4).

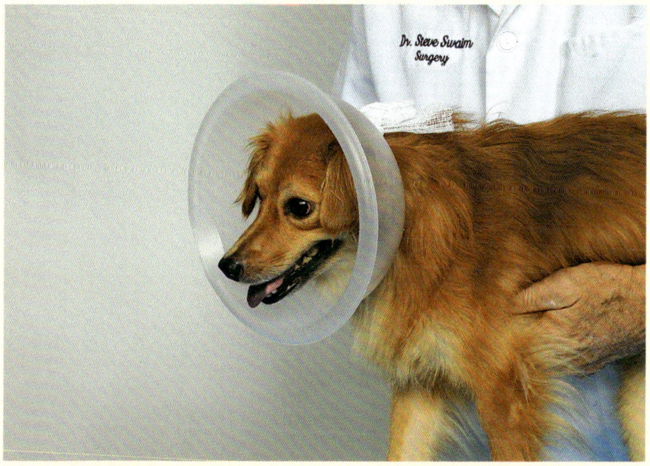

Abb. 5.4

5.2 Kunststoffmanschette

Steife Kunststoffmanschetten mit Verschluss können um den Hals des Tieres gelegt werden. Sie sind in unterschiedlichen Größen erhältlich und reichen von gerade hinter den Ohren bis zur Schulter. Durch einen Sicherungsgurt, der direkt hinter den Vordergliedmaßen um den Thorax läuft, wird die Manschette am kranialen Abrutschen über den Kopf des Tieres gehindert (Abb. 5.5).

Diese Manschetten halten das Tier sicher von der Beschäftigung mit Bereichen kaudal der Schulter ab. Sie schützen einen Kopfverband aber nicht effektiv und können auch eine Beschäftigung mit den Hintergliedmaßen nicht verhindern. Die Manschetten müssen täglich entfernt werden, um die darunterliegende Haut auf Hinweise auf eine Dermatitis zu untersuchen.

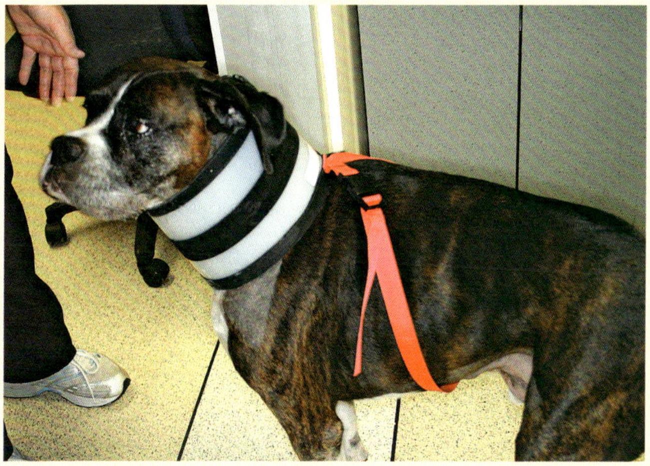

Abb. 5.5: Kunststoffmanschette mit Sicherungsgurt um den Thorax, der ein Abrutschen über den Kopf des Tieres verhindert.

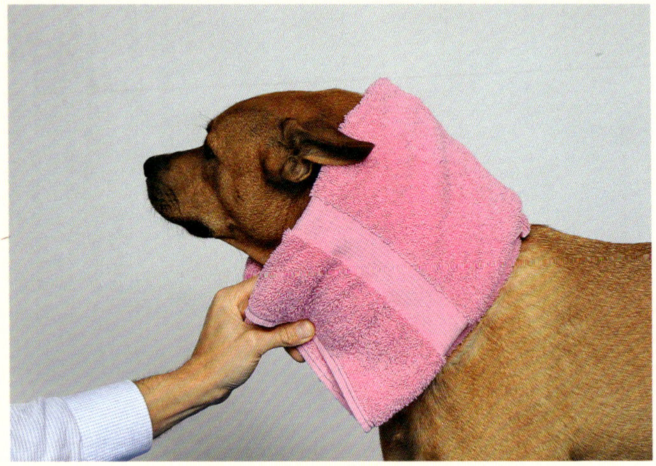

Abb. 5.6

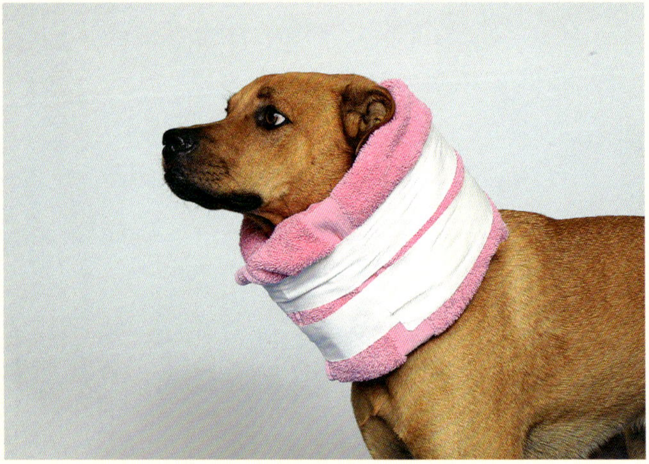

Abb. 5.7

Abb. 5.8: Plastikmaulkorb bei einem großen Hund.

5.3 Handtuch-Kragen

Ein großes Frotteehandtuch kann auf ähnliche Weise genutzt werden, wie die Kunststoffmanschette.

- Das Handtuch wird so gefaltet, dass es der Breite nach von direkt kaudal der Ohren bis zur Schulter des Tieres reicht. In dieser Art wird es um den Hals des Tieres gelegt (Abb. 5.6).
- Zwei 5 cm breite Pflasterstreifen werden zur Fixierung um den Handtuch-Kragen geklebt (Abb. 5.7). Sie dürfen nicht zu fest gewickelt werden.

5.4 Maulkörbe

Maulkörbe können eingesetzt werden, um Verbände, Gipse/Casts und Schienen vor Zähnen und Zunge zu schützen. Stoff- und Ledermaulkörbe, die zum kurzzeitigen Schutz vor Bissen bei der Manipulation des Tieres verwendet werden, sind jedoch ungeeignet. Sie werden durchnässt von Speichel, verdrecken und sind unhygienisch. Außerdem können sie die Atmung des Tieres bzw. ein Erbrechen, z.B. nach einer Sedation, beeinträchtigen. Daher sollten korbartige Maulkörbe verwendet werden (Abb. 5.8).

Maulkörbe aus Draht- oder Plastikgitter sind in unterschiedlichen Größen erhältlich. Wenn ein Hund den Maulkorb mit den Pfoten herunterschiebt, kann ein 2,5 cm breiter Pflasterstreifen dies verhindern. Das Pflaster reicht von der Nasenpartie des Maulkorbes bis zum Befestigungsriemen im Nacken des Tieres, um diesen herum und wieder zurück zwischen den Augen des Tieres entlang.

Wenn der Maulkorb seitlich scheuert und Läsionen verursacht, muss ggf. ein größerer Maulkorb verwendet werden. Beruht die Läsion aber auf Abwehrbewegungen des Tieres, sollte die Stelle mit etwas Watte, befestigt mit Pflaster, gepolstert werden.

5.5 Seitenstützen

Seitenstützen aus Aluminiumstäben können eingesetzt werden, um einen Hund von seinen hinteren Körperteilen fernzuhalten.

- Ein Aluminiumstab in der richtigen Stärke wird ausgesucht und in seiner Mitte zu einem Ring gebogen. Dies erfolgt um ein Objekt herum, das etwa den Durchmesser des Nackens des Tieres hat, für das die Seitenstütze bestimmt ist (Abb. 5.9 A–C).

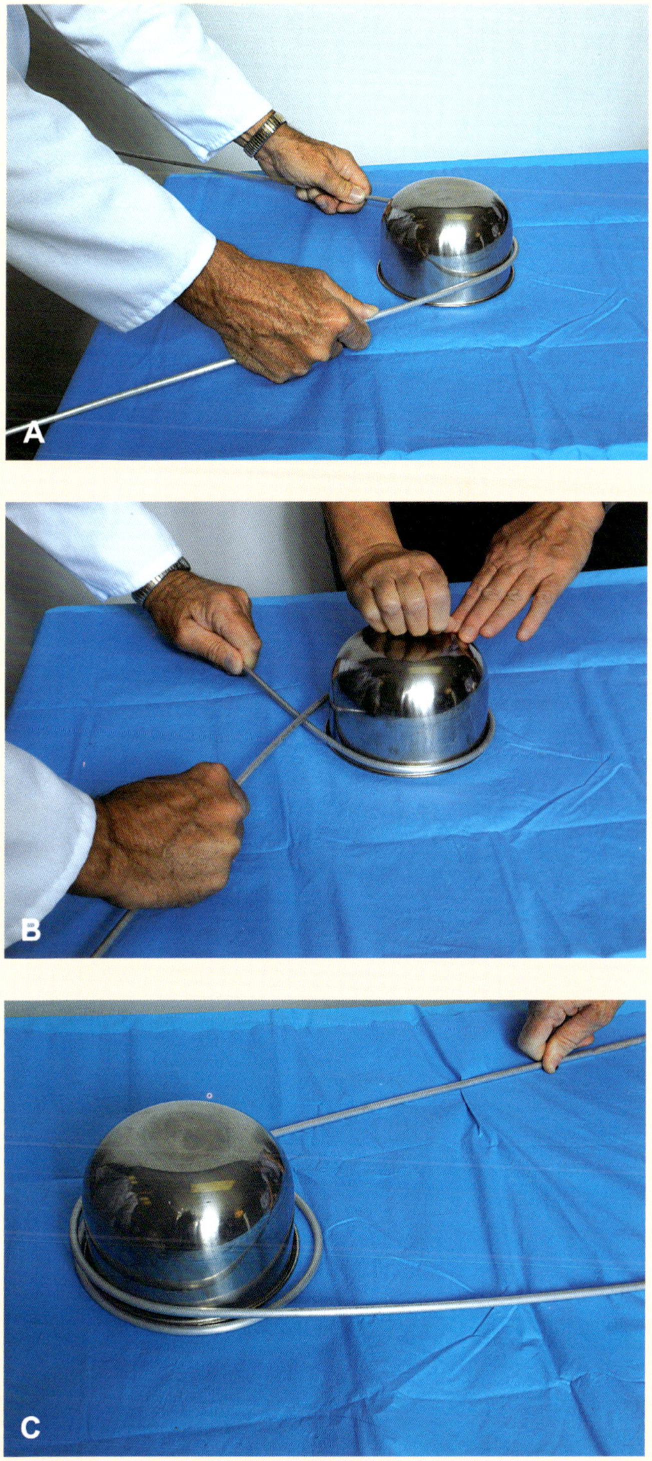

Abb. 5.9 A–C

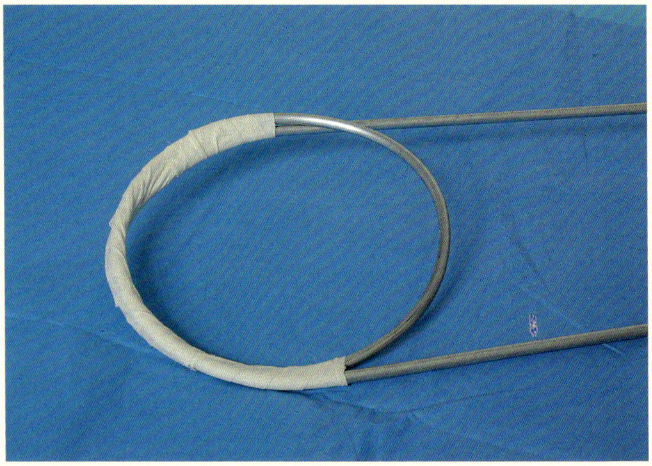

Abb. 5.10

- 5 cm breites Pflaster wird um den oberen Teil des Rings gewickelt, der aus zwei Lagen Aluminiumstab besteht (Abb. 5.10).

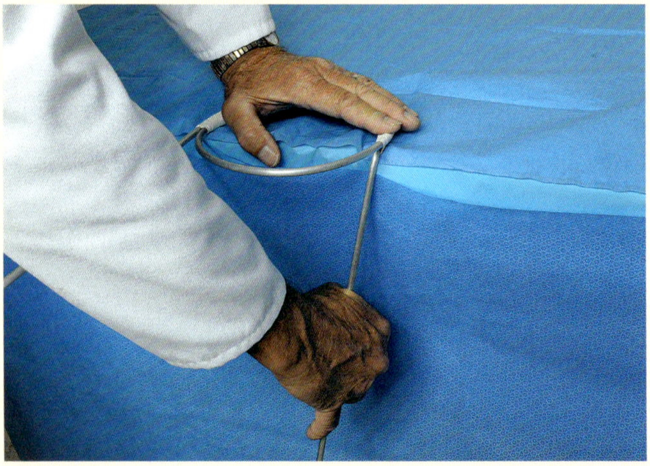

Abb. 5.11

- Die beiden geraden Stabanteile werden auf der Hälfte des Ringes 90° vom Ring abgewinkelt (Abb. 5.11), sodass die Grundform der Seitenstütze entsteht (Abb. 5.12).

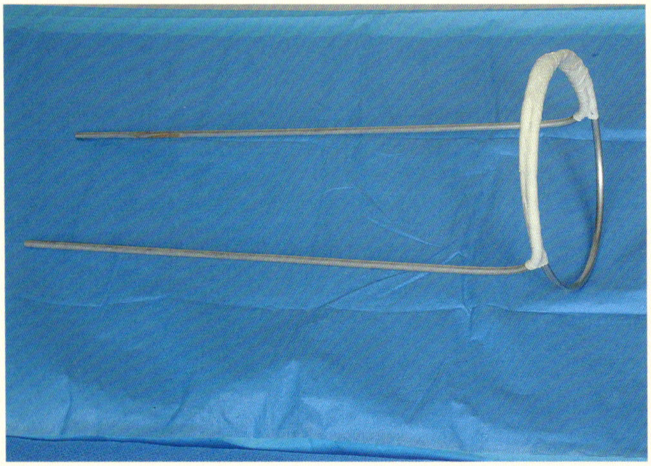

Abb. 5.12

- Die untere Hälfte des Ringes wird der Kontur des Tieres entsprechend etwas vor- oder zurückgebogen, um der Basis des Nackens besser anzuliegen (Abb. 5.13).

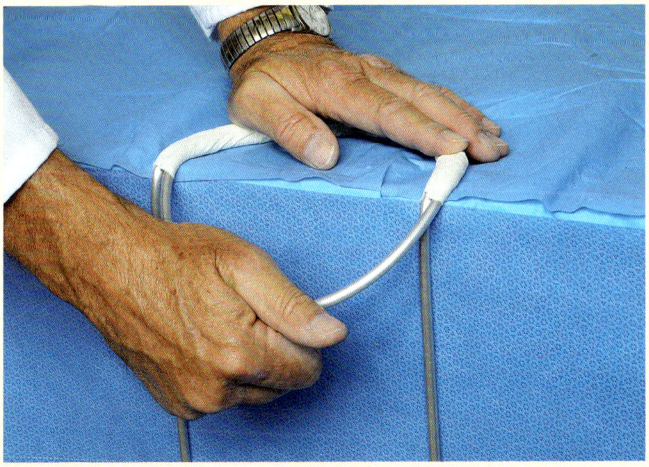

Abb. 5.13

- Polstermaterial wird um die umgebogene untere Ringhälfte gewickelt (Abb. 5.14).

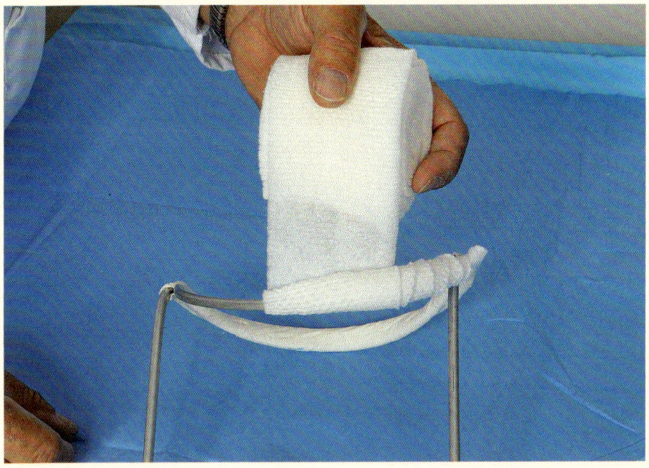

Abb. 5.14

- 5 cm breites Pflaster wird über die Polsterung gewickelt (Abb. 5.15).

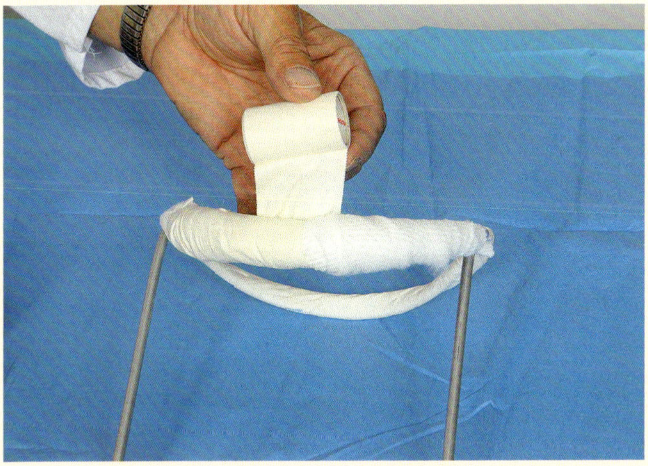

Abb. 5.15

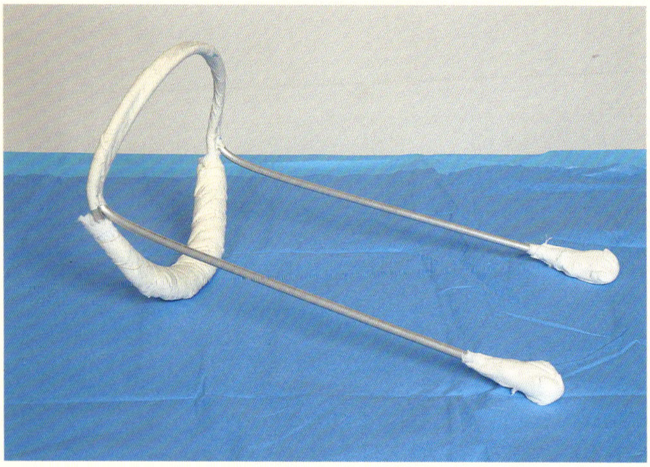

Abb. 5.16

- Die geraden Enden des Aluminiumstabes werden mit einem Bolzenschneider so abgeschnitten, dass sie bis auf die Höhe des Trochanter major des Tieres reichen. Die Stabenden werden gepolstert und das Polstermaterial mit Pflaster befestigt (Abb. 5.16).

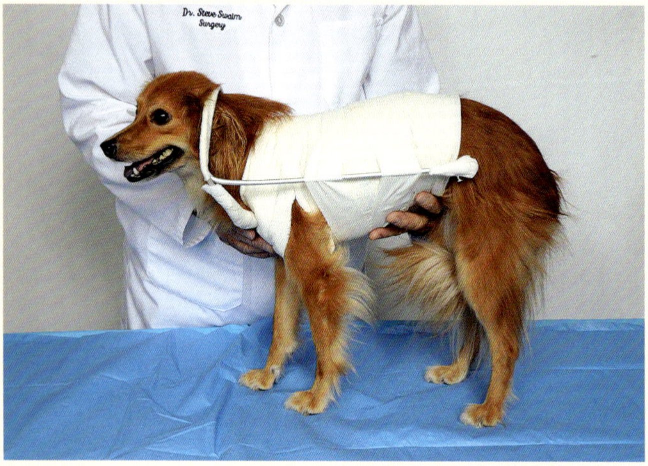

Abb. 5.17

- Ein thorakoabdominaler Verband wird angelegt (s. Kap. 3.1.1). Dann wird die Seitenstütze so angebracht, dass der Ring der Nackenbasis und die Seitenstreben dem Körper seitlich anliegen. Die Seitenstreben werden durch zwei Touren 5 cm breiten Pflasters fixiert. Eine Toure wird direkt hinter den Vordergliedmaßen angebracht, die andere direkt vor den Hintergliedmaßen (Abb. 5.17).

5.6 Lokale chemische Schutzmaßnahmen

Bitter schmeckende Materialien („Knabberschutz", „Verbissschutz") können auf Verbänden und Gipsen oder entlang von Nähten auf der gesunden Haut appliziert werden, um ein Belecken/Benagen durch die Tiere zu verhindern. Es gibt sie in verschiedenen flüssigen und halbflüssigen Zubereitungen sowie als Pflaster (Abb. 5.18). Für eine bessere Wirksamkeit sollte vor der Applikation am Verband, Gips oder auf der Haut eine geringe Menge der Substanz auf oder nahe der Hundenase platziert werden. Dadurch riecht und schmeckt das Tier simultan und Geschmack und Geruch werden miteinander assoziiert. Dann erst wird die Substanz am gewünschten Applikationsort aufgetragen. Die Autoren haben nur begrenzten Erfolg mit solchen Präparaten gehabt.

5.7 Elektronische Hilfsmittel

Als weitere Methode, um Tiere vom Lecken, Benagen oder Entfernen von Verbänden, Schienen oder Gipsen/Casts abzuhalten, ist ein elektronisches Produkt mit kleiner Stromspannung. Dieses Produkt (StopLik®) wird als Klebestreifen auf dem Verband angebracht. Eine kleine Batterie ist in den Streifen eingebettet und eine Reihe offenliegender Metallstreifen dient als Leitfläche. Wenn das Tier am Verband leckt, fühlt es kleine elektrische Ströme. Die Streifen gibt es in verschiedenen Größen, die passend zugeschnitten werden können (Abb. 5.19).

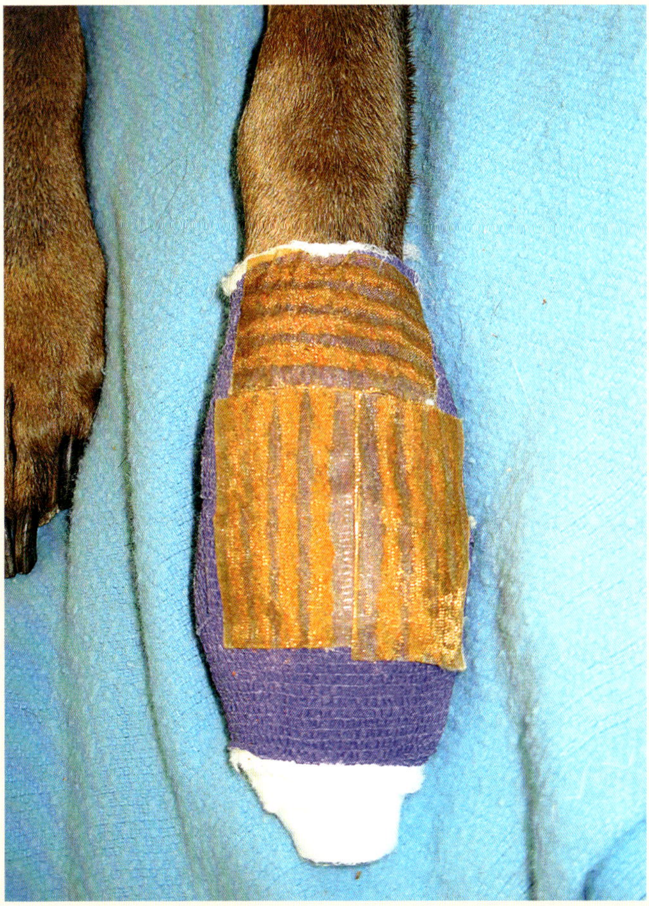

Abb. 5.18: Pfefferimprägniertes Pflaster auf einem Verband, um ein Belecken oder Benagen zu verhindern.

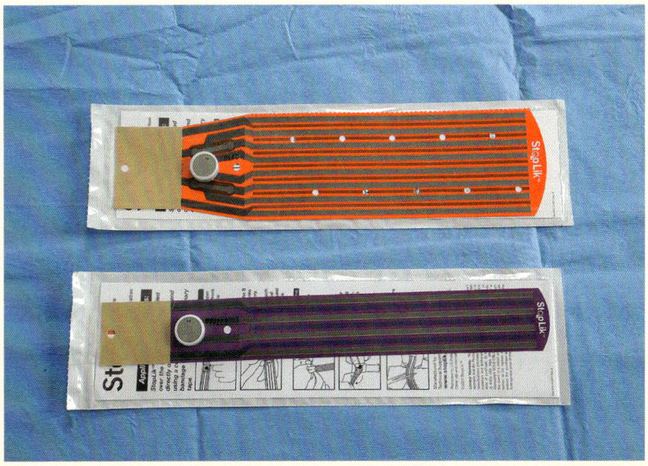

Abb. 5.19: Elektrostreifen, die auf einem Verband oder Gips angebracht werden können, um ein Belecken oder Benagen zu verhindern.

Anhang

Empfohlene und verwendete Literatur

CAMPBELL BG (2006): Dressings, bandages, and splints for wound management in dogs and cats. Vet Clin North Am Small Anim Prac 36: 759–791.

DECAMP CE (2003): External coaptation. In: SLATTER DH (ed.): Textbook of Small Animal Surgery. 3rd ed., Saunders/Elsevier, Philadelphia; pp. 1835–1848.

HEDLUND CS (2007): Surgery of the integumentary system. In: FOSSUM TW (ed.): Small Animal Surgery. 3rd ed., Mosby/Elsevier, St. Louis; pp. 159–259.

MILLER CW (2003): Bandages and Drains. In: SLATTER DH (ed.): Textbook of Small Animal Surgery. 3rd ed., Saunders/Elsevier, Philadelphia; pp. 244–249.

PAVLETIC MM (1999): Atlas of Small Animal Reconstructive Surgery. 2nd ed., Saunders, Philadelphia; pp. 107–122.

SCARDINO MS, SWAIM SF (1997): Bandaging and drainage techniques. In: BOJRAB MJ, SLOCUM B, ELLISON GW (eds.): Current techniques in Small Animal Surgery. 4rth ed., Williams and Wilkins, Baltimore; pp. 27–34.

SWAIM SF, VAUGHN DM, SPALDING PR (1992): Evaluation of the dermal effects of cast padding in coaptation casts on dogs. Am J Vet Res 53: 1266–1272.

SWAIM SF, HENDERSON RA (1997): Small Animal Wound Management. 2nd ed., Williams and Wilkins, Baltimore.

SWAIM SF (2000): Bandaging and splinting techniques. In: BISTNER SI, FORD RB, RAFFE MR (eds.): Handbook of Veterinary Procedures and Emergency Treatment. 7th ed., Saunders, Philadelphia; pp. 549–571.

SWAIM SF, MARGHITHU DB, RUMPF PF, GILLETTE RL, SCARDINO MS (2003): Effects of bandage configuration on paw pad pressure in dogs: a preliminary study. J Am Anim Hosp Assoc 39; 209–216.

SWAIM SF, BOHLING MW (2005): Bandaging and splinting canine elbow wounds. NAVC Clinician's Brief, Nov.: 73–76.

SWAIM SF., WELCH J, GILLETTE RL (2010): Small Animal Distal Limb Injuries. Teton New Media, Jackson.

WILLIAMS JM, MOORES A (eds.): BSAVA Manual of Canine and Feline Wound Management and Reconstruction. 2nd ed., BSAVA, Gloucester.

Bildnachweis

Sofern nicht anders angegeben, wurden die Abbildungen in diesem Buch von den Autoren
für dieses Buch angefertigt. Alle anderen Abbildungen sind hier mit der Quelle aufgeführt.

Abb. 3.1: Aus: SWAIM SF and HENDERSON RA (1997): Small Animal Wound Management.
2nd ed., Williams and Wilkins, Baltimore; p. 155.

Abb. 4.30–49 und 4.58–61: Aus: SWAIM SF., WELCH J, GILLETTE RL (2010):
Small Animal Distal Limb Injuries. Teton New Media, Jackson.

Abb. 4.52–54: Aus: SWAIM SF, MARGHITHU DB, RUMPF PF, GILLETTE RL, SCARDINO MS (2003):
Effects of bandage configuration on paw pad pressure in dogs: a preliminary study. J Am Anim Hosp Assoc: **39**; 209–216.

Stichwortverzeichnis